食常物語

葉　懿瑩

目錄

春

日

001

農場雞蛋

早安！打顆雞蛋做早餐。啪的一聲，蛋殼被敲響，這是開始一天最清脆悅耳的聲音。最近負責做早餐的，通常是先生。

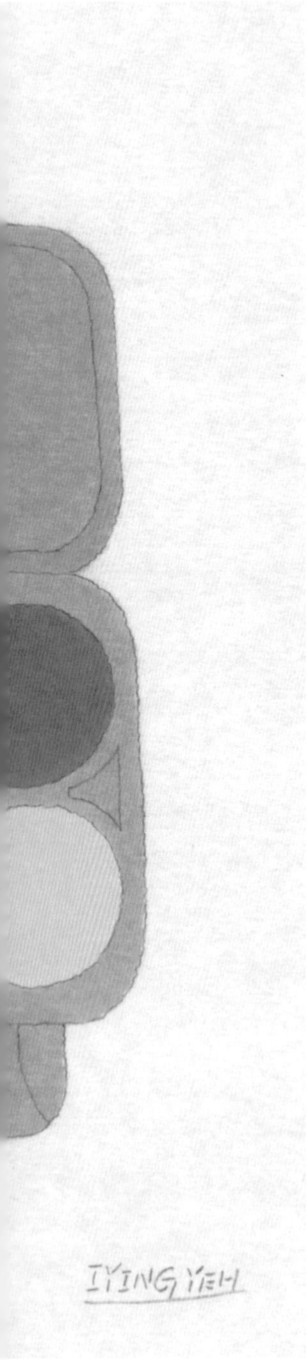

002

餃子皮

記得上一次包餃子是小時候的事了。今天在雜誌上看到有關包餃子的專題，一時興起，自己也想動手做。於是在市場買了兩疊餃子皮、一袋煎烙過的豆包、一把漬好的雪菜，加上冰箱裡還備存著的豬絞肉與香菇，來包幾盤雪菜豬肉餃吧！

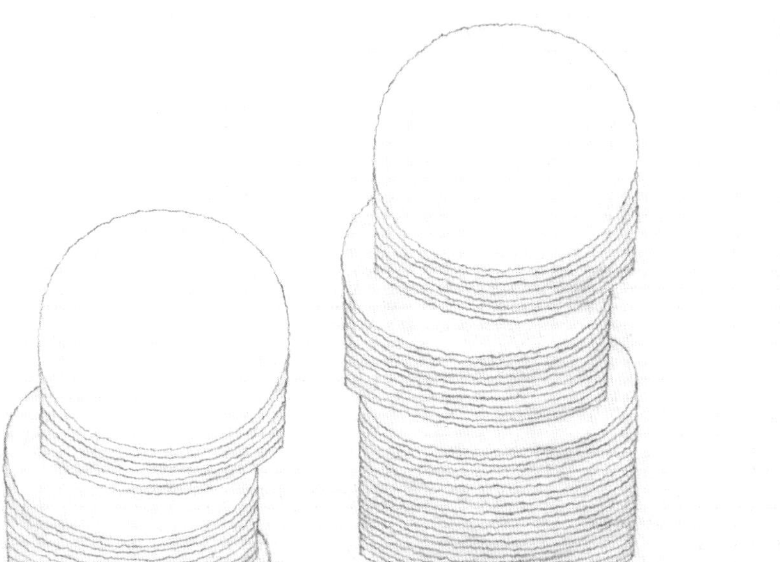
IYING, YEH

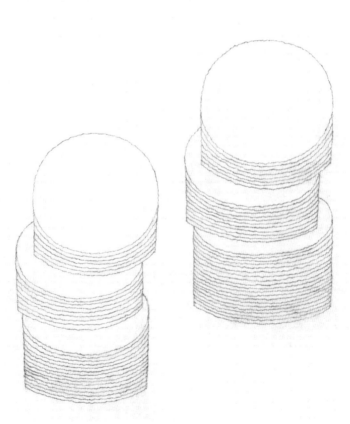

003

水餃子

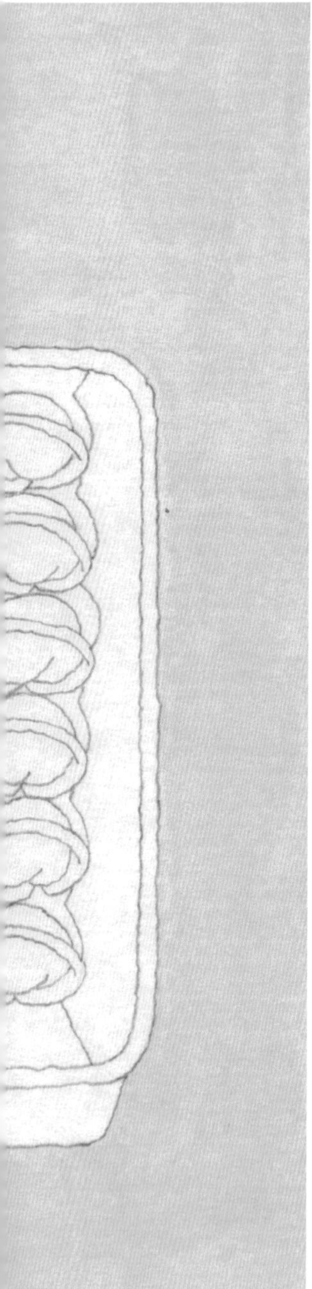

聽過水餃，也知道餃子，但「水餃子」這三個字兜在一起稱呼，倒是第一次看到，真是新奇可愛。原來在日文裡稱呼水煮的餃子叫水餃子，而油煎過的餃子叫煎餃子。當下知道這個唸法後，便忍不住水餃子、水餃子……的一直唸著。

話說回來，等等要去煮一盤雪菜豬肉水餃子了。

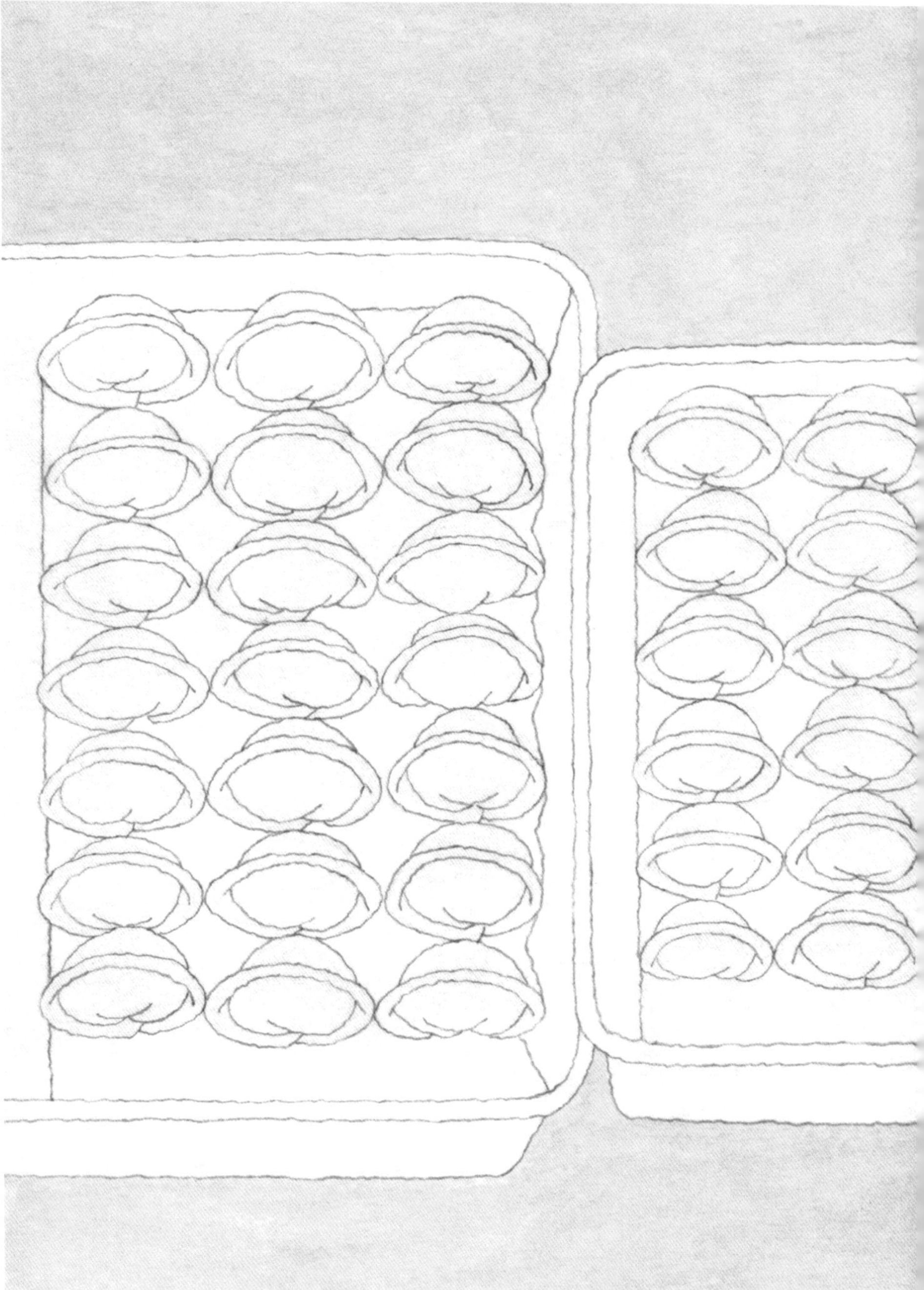

004

薺菜

難得在農夫市集買到一大盒採自陽明山的新鮮薺菜。薺菜像是路邊的小雜草，揀菜時還聞得到潮濕的泥土味，閉上眼睛說不定會以為自己正坐在草地上。清淡的調味能襯出薺菜的芬芳，下手若是太重，簡直就像對薺菜無禮。賣菜阿婆推薦薺菜包水餃，但最近實在沒閒暇捏來捏去，於是改將薺菜汆燙、冷卻，擠出水分後分裝冷凍常備起來。一次取用一點，切末加入昆布柴魚高湯，放一點嫩豆腐丁、小魚、少許生薑泥與鹽巴，起鍋前勾些薄芡，就是滋味清雅的薺菜羹。一次品嚐一點點，這樣就可以記住薺菜滋味久一點。下一次能買到薺菜不曉得是什麼時候了。

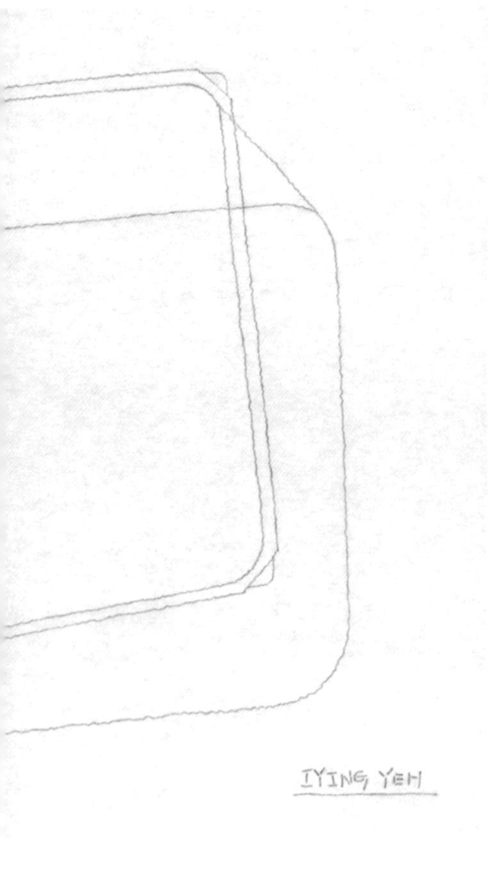

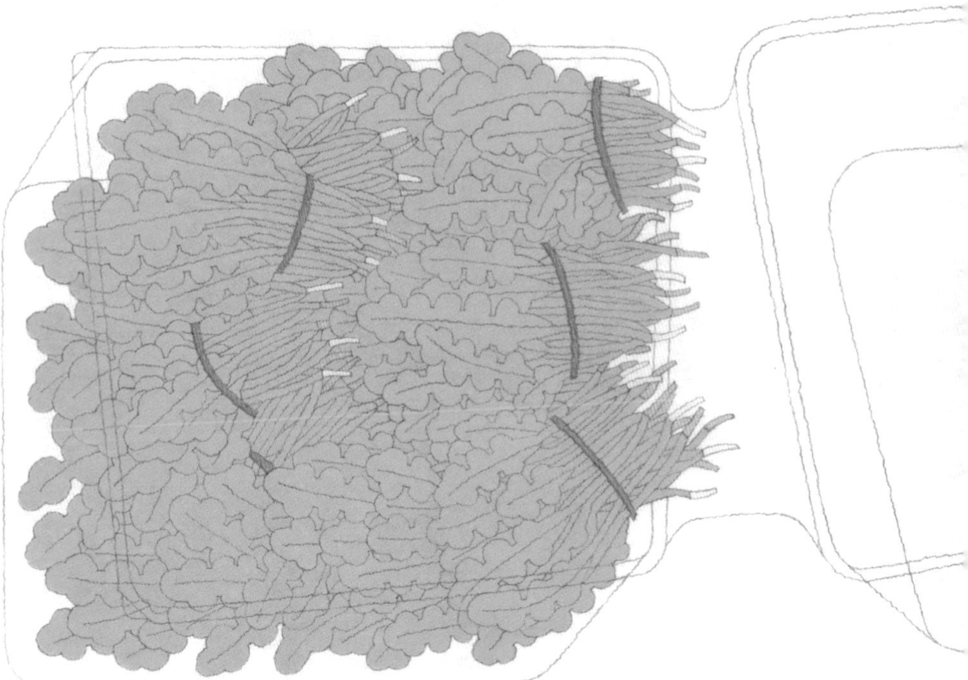

牛皮紙袋與金時地瓜

也許是顏色接近土壤的關係，用牛皮紙袋盛裝蔬果食材，看起來總是特別新鮮可口。這是今天剛買回來的金時地瓜。

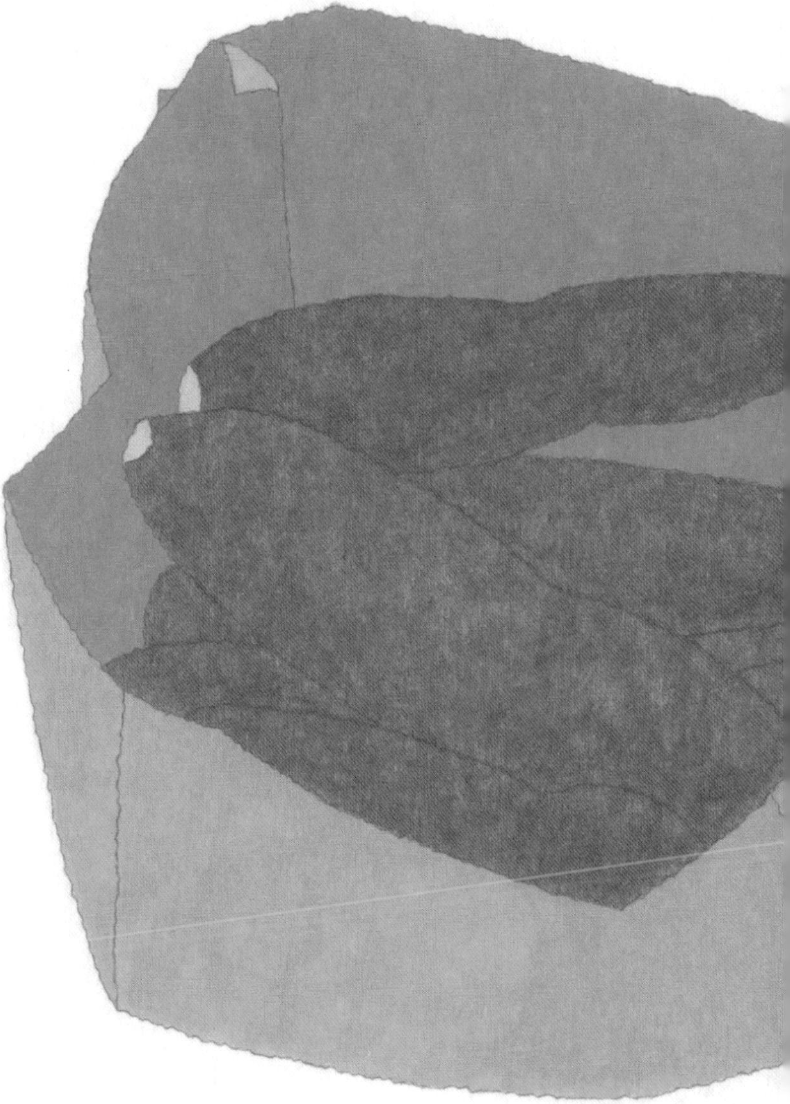

006

紅色鱷魚

陪小兒玩樂高積木時，常常跟著一起拼出奇形怪狀的生物，例如這一隻，身體由車殼組成的紅色鱷魚。

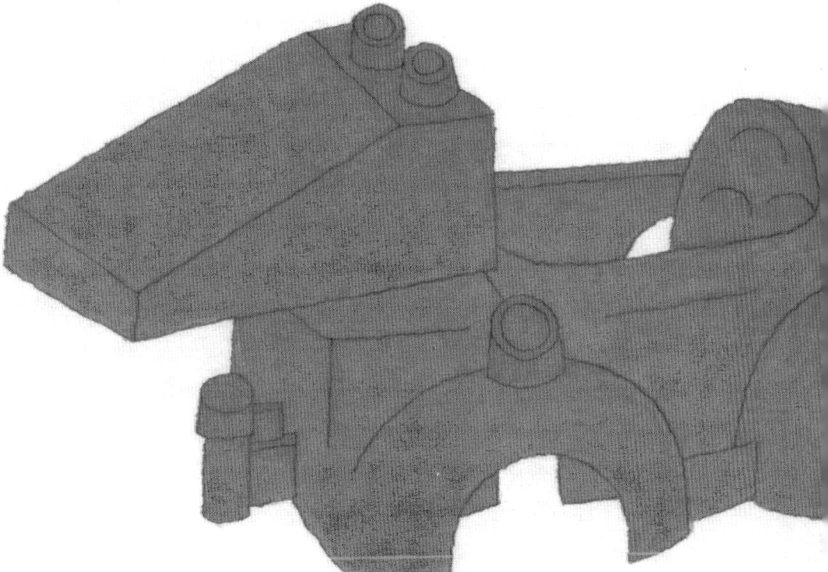

007

揀菜

餐桌前，拉一張椅子坐下來，放上一大把新鮮的山茼蒿，蓬鬆像羽毛枕頭般。左邊一籃放摘揀好的嫩葉，右邊一盆則放被淘汰的粗梗。一來一往，一莖一葉，摘揀的同時，彷彿也在梳理自己的腦袋。時間不趕的話，揀菜其實是一件療癒的事。

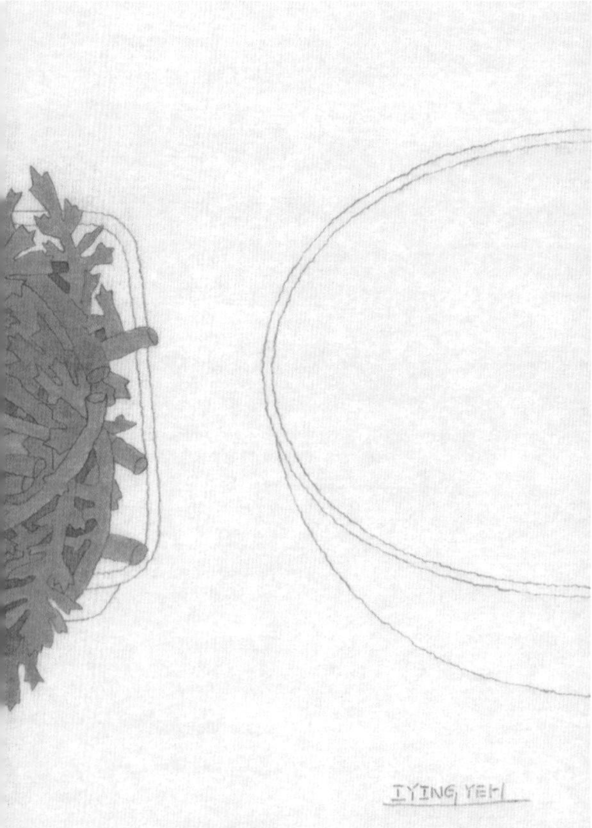

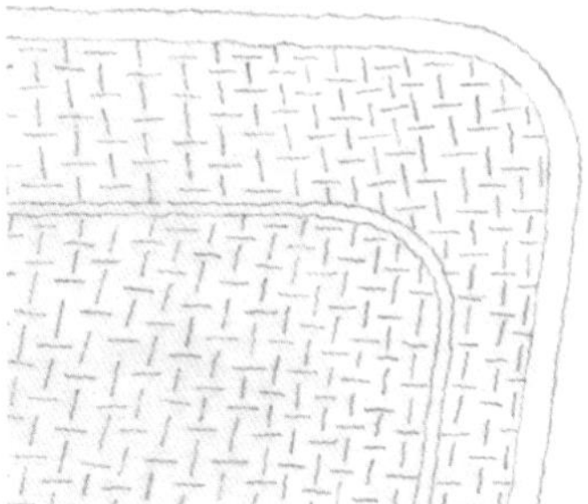

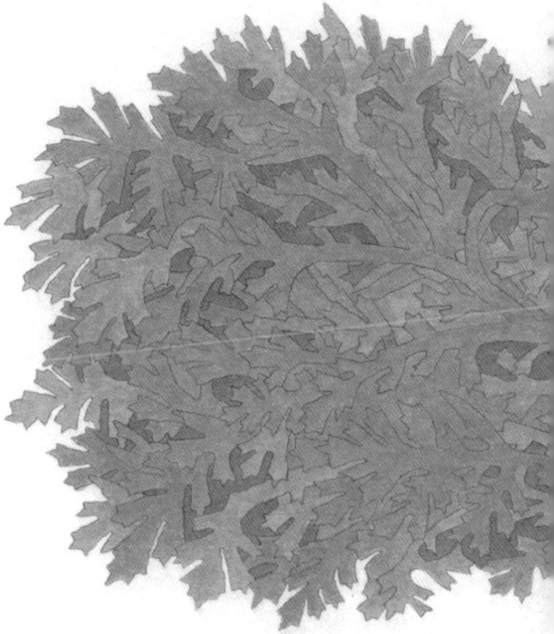

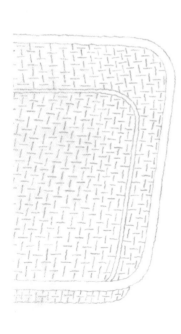

008

包子

葉子造型的包子肯定是菜包，有蓋紅點的包子通常不是經典款，渾圓一顆不加裝飾的包子大概是甜口味。不曉得這次猜中幾顆？有時候，觀察包子的造型與印記也能是一種生活趣味。

009

貓與紙箱

貓，不是在紙箱裡，就是在通往紙箱的路上。

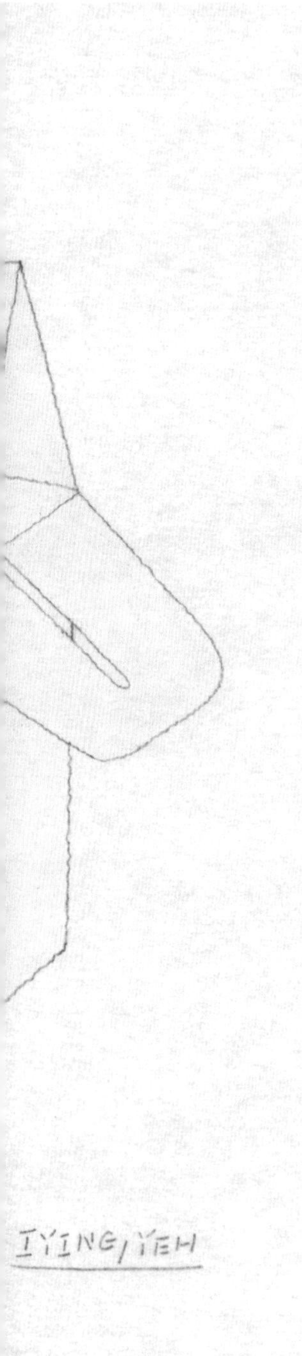

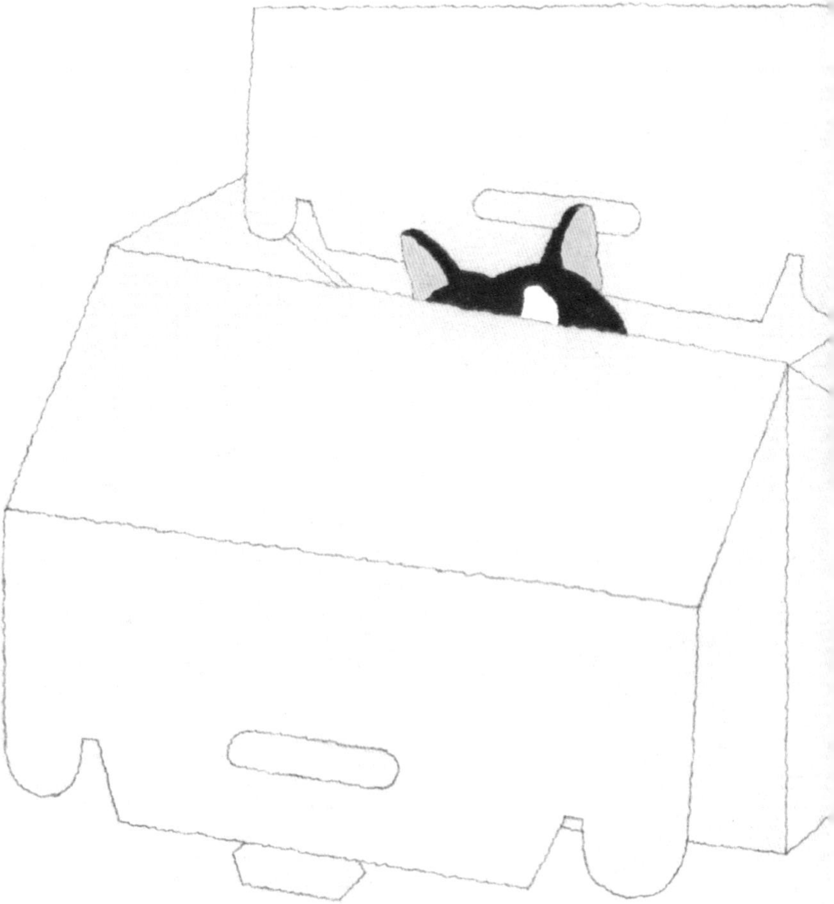

010

水裱膠帶

買了一綑水裱膠帶，用來張平固定畫板上的紙。這是一種上了特殊膠的牛皮紙膠帶，遇水產生黏性，就像常見的自黏信封袋，沾了水即可封貼，無法還原。試想如果這綑膠帶不慎掉進水裡，紙與膠彼此緊貼互黏，層層疊疊，一圈又一圈，結果會是怎樣呢？變成一只堅硬厚實的紙輪子嗎？還是紙鍋墊呢？

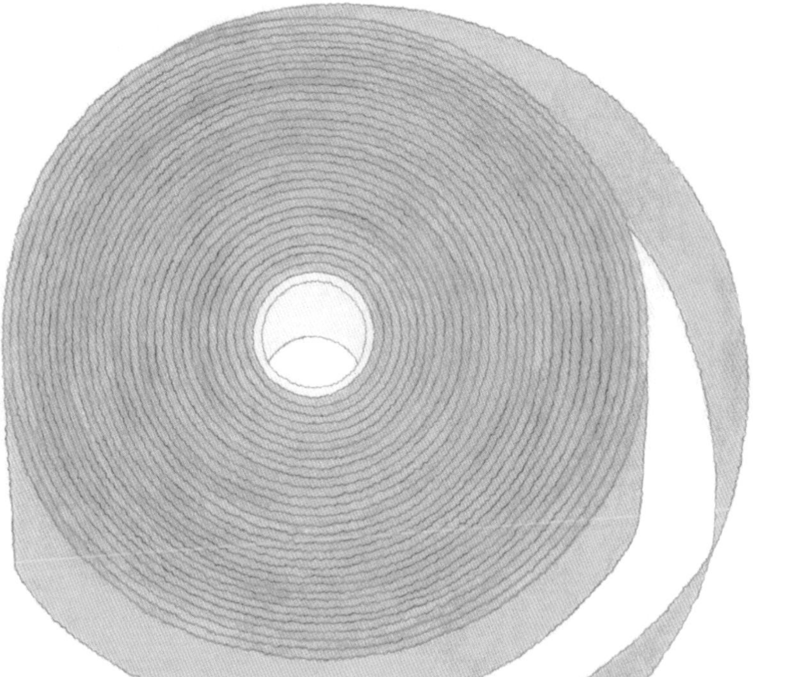
IYING, YEH

011

花名

石斛蘭是我很喜歡的蘭花種類，清新優雅又脫俗。特別是「口袋情人」，每回去花市，總會找找有沒有它的蹤跡。關於這個名字的來由，據說是因為長得嬌小可愛，小到可以放進口袋，令人愛不釋手。今天來花市沒找著「口袋情人」，卻遇見了「米奇」。那又為什麼叫「米奇」呢？在想，或許是有兩片圓圓大大的花瓣，很像米奇老鼠的一對耳朵吧！

花農的寫作課，很是有趣！

IYING YEH

012

小扁仔

滿滿一包，遠看以為是什麼螺絲鐵釘五金零件，其實是來自澎湖赤崁的日曬小扁仔魚乾。從前只知道丁香小魚乾，原來小魚乾還有細分小扁仔魚、堯魚、小丁香魚，其中小扁仔魚的肉質比小丁香魚稍軟些，很適合乾炒入菜，直接吃也不會卡卡刺喉。

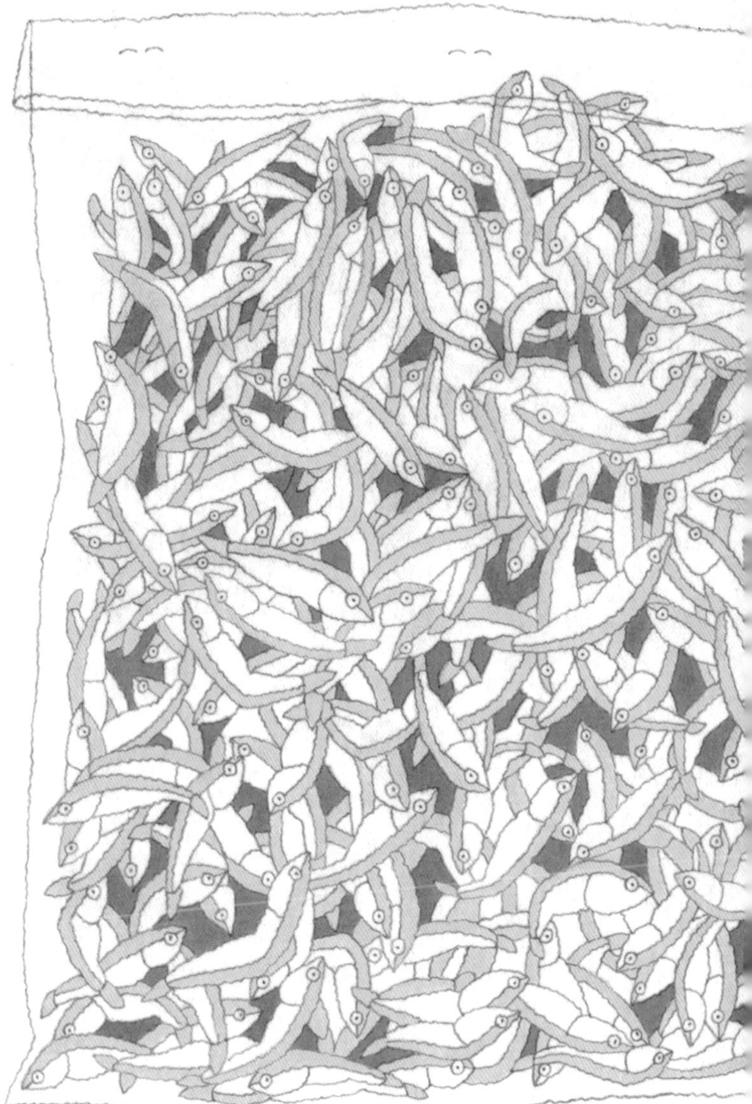

013

帶肉派去野餐

今天去野餐。比起三明治，溫熱的肉派更適合現在冷涼的天氣，或許是想起曾在倫敦求學的日子，那種冷天吃著熱派的暖意湧上心頭。

前一天先在熟食店買好肉派，在野餐出發前一刻，將派抹上一點橄欖油，送進烤箱回熱，剛烤好的肉派洋溢著濃濃的奶油香氣，不過，此時此刻得趕緊將派包裹好放進保溫袋，速速出發，深怕手腳一慢，冷了熱騰騰的派啊！

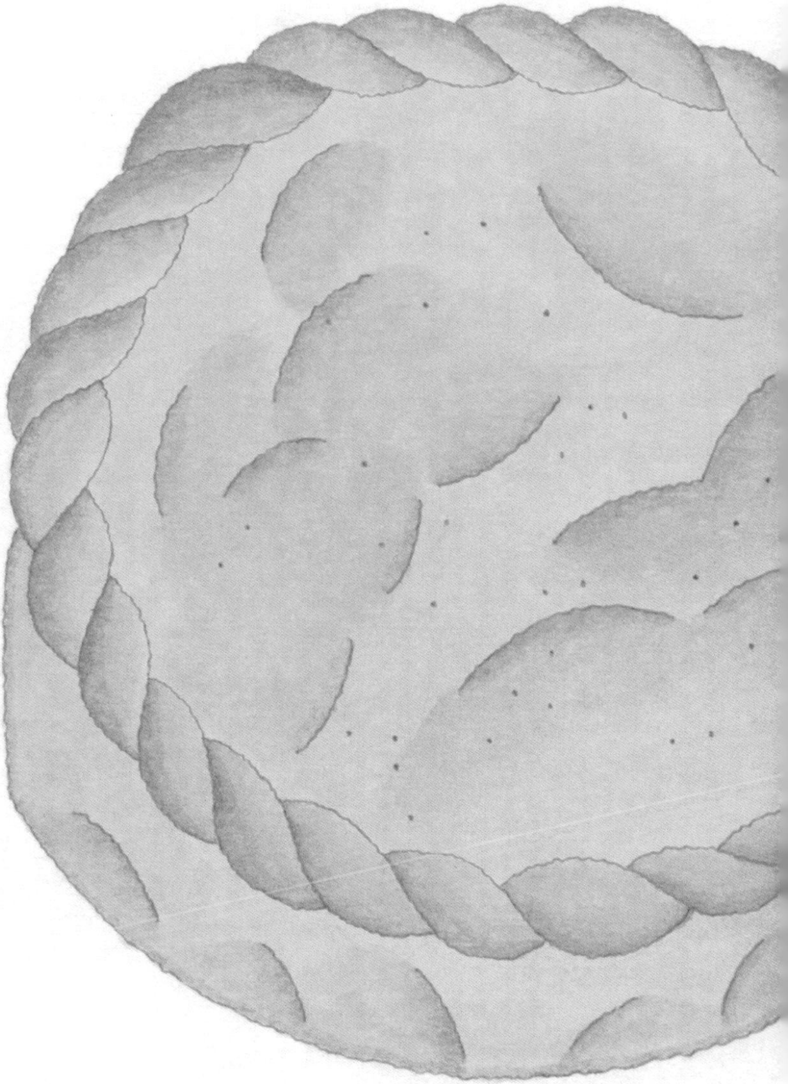

014

大蔥好大

收到先前向花蓮農家訂的自然農法大蔥了。比起青蔥，大蔥的個頭真是高又壯！喜歡大蔥溫和不嗆辣，蔥綠有豐富的膠質，蔥白脆又甜。以往想吃大蔥得依賴日本進口，現在台灣本地栽培的大蔥也越來越多了。然而，喜好冷涼氣候的大蔥，在夏季炎熱的台灣，僅一年一收，得好好把握這一期一會的難得機會，錯過就等明年了！

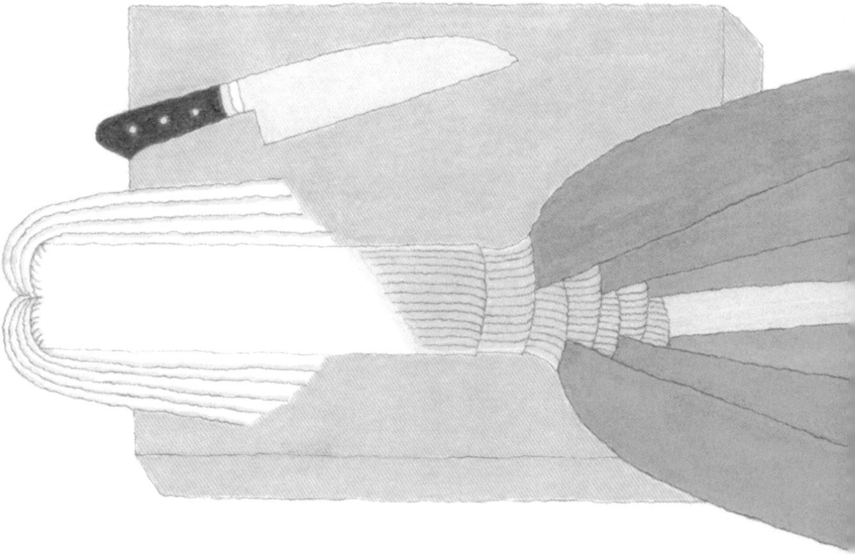

015

蔥白的切法

收到大蔥，第一個想做的料理是什麼呢？
我會毫不猶豫地回答：「大蔥味噌湯！」
就用最近學來的切法，來做這道以大蔥為主角的味噌湯吧！

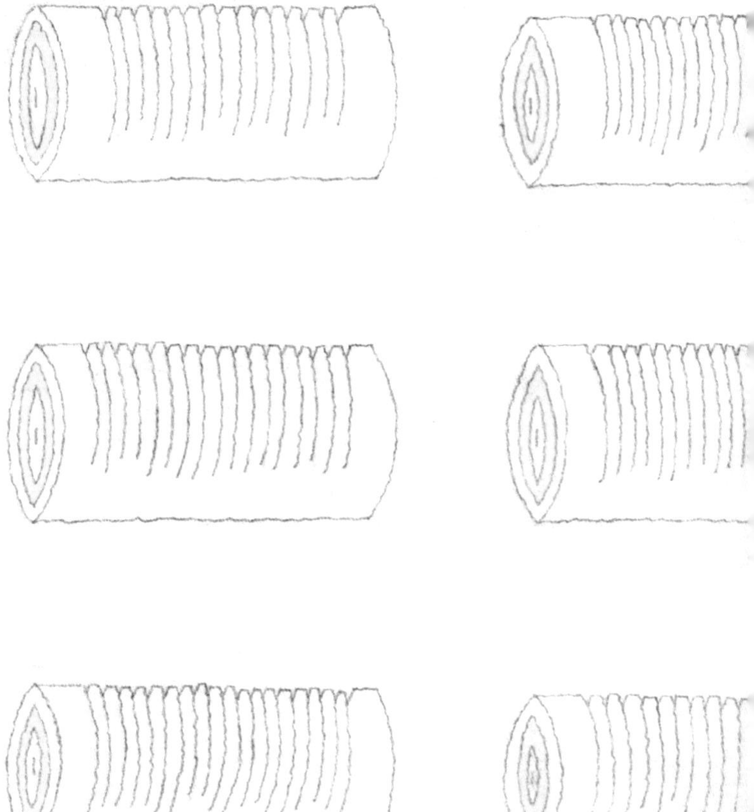

016

孩子的蒐集

媽媽摺的紙鶴、爸爸遙控車的小角錐、
廚房淘汰的小量匙、新買的小狗手指偶。
午睡前，一一擺放在桌邊，
排排站，說是作品，不能收。

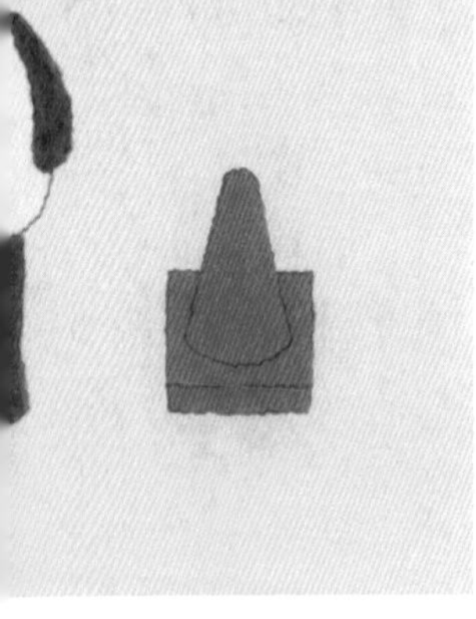

IYING YEH

017

稻田裡的糖果

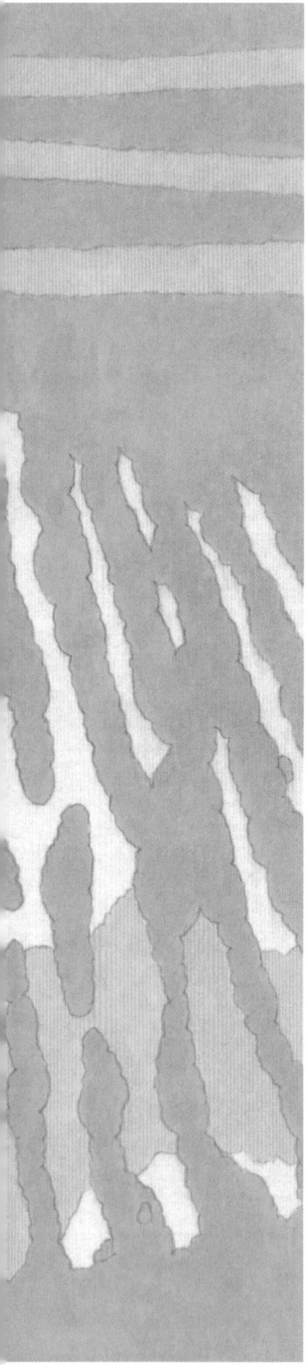

這天，我們全家一起去郊外散步看稻田。這個季節的稻田綠油油，稻葉直挺挺，照映著日光的水面也清晰可見。我們走著，看田的遠，看田的近。忽然，眼角餘光瞥見，田裡好像藏著一顆又一顆的粉紅色糖果。那不正是傳說中，稻田裡的大食客—福壽螺的卵嗎？竟然讓我親眼見證，這魔幻又讓人心生畏懼的微小生命。

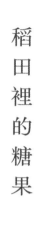

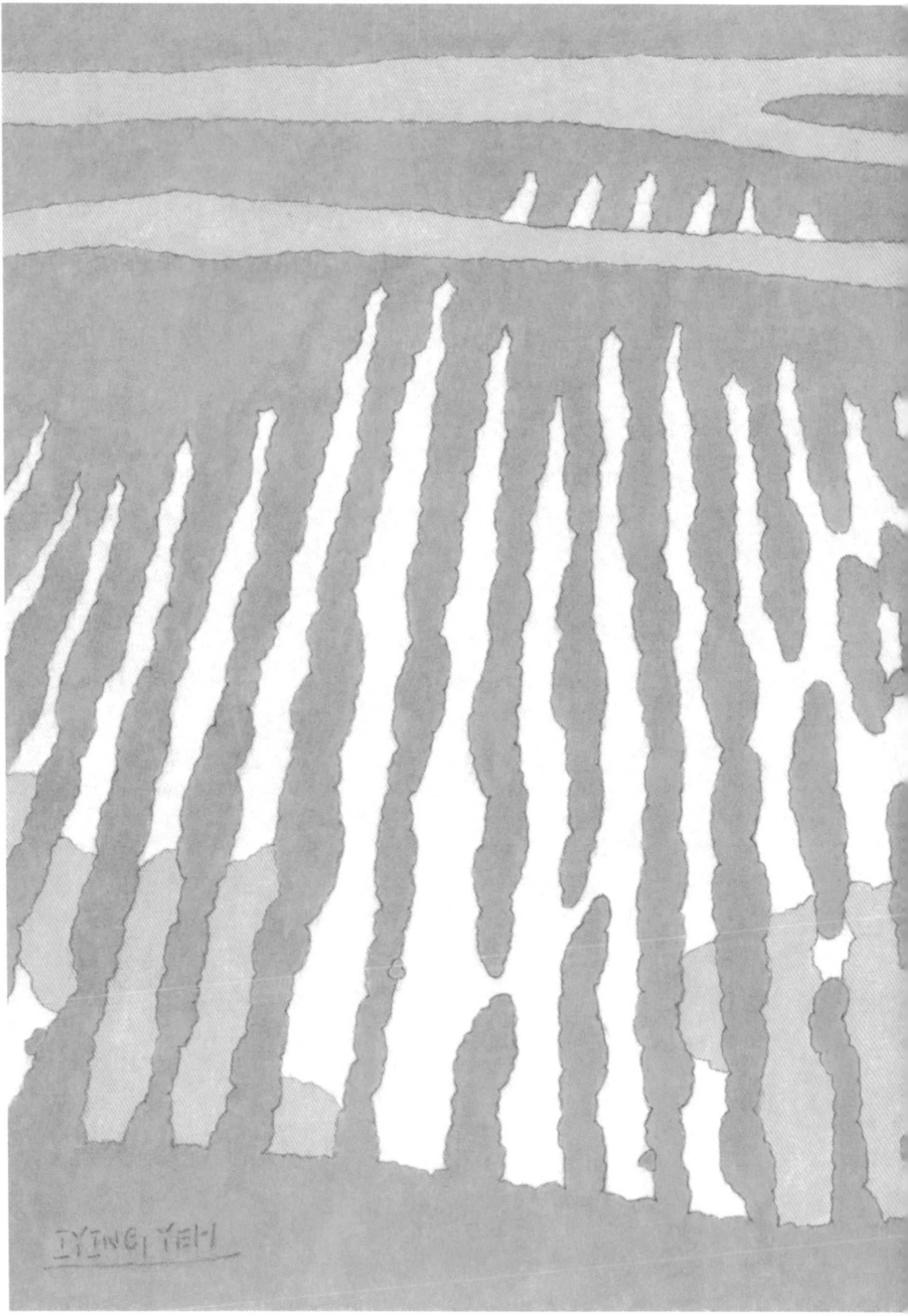
YING YEH

018

飛沙村的紫蘆筍

快老闆急促精準，慢老闆閒適溫吞，市場買菜時，常可以感覺到菜攤呈現出不同的步調氛圍。喜歡慢老闆的樂於分享，從產地趣聞，到料理方式。慢老闆說，這紫蘆筍來自雲林的飛沙村，大概因為冬季東北季風吹拂，風飛沙特別多而得名。農家因前年風災，辛苦栽種的蘆筍付諸流水，怕了，隔年沒種，今年才又鼓起勇氣重新種植了這一批。纖維稍粗的紫蘆筍適合蒸煮，格外清甜；纖維細幼的綠蘆筍清炒起來又嫩又脆。想到將食材帶回家前，能夠先了解這些背後的小故事，料理起來格外充實。

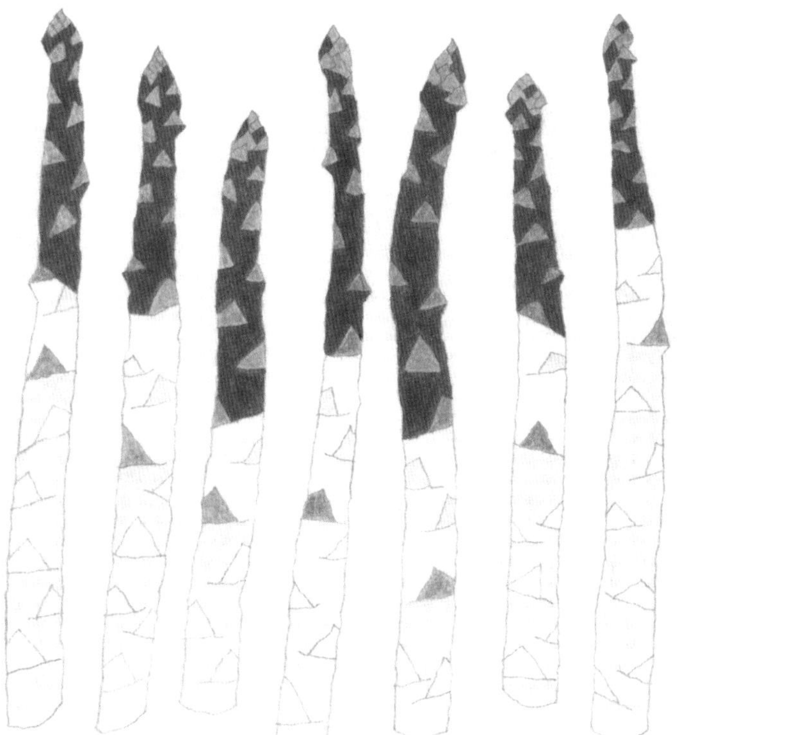
IYING YEH

019

哈姆

這是在花蓮吃到有名的台式手工火腿哈姆。想到小時候常吃的一道古早味，捆蹄哈姆。捆蹄一詞是長大後才知道的，印象中阿嬤都叫它哈姆，這是一道將瘦肉灌進預先挖空的豬腳皮裡，縫合綑綁浸滷製成的手路菜。

記得阿嬤常從市場買回一整條哈姆，赤裸裸的連著豬蹄，就像帶著一隻豬靴子回家，莫名驚悚。哈姆連皮直接切圓片就可以吃了，這外圍一圈豬皮實在有嚼勁，小時候的我懶得嚼，會默默把豬皮挑出來，只吃中間香香的哈姆肉，碗裡剩下一堆豬皮圈。現在很少看到這樣靴子般的捆蹄哈姆了，有點懷念！至於豬皮圈……還是有點怕怕的。

020

老茶具

手工製的小碟子、小杯子，以表面不太平滑的釉料，包裹著不甚工整的描繪圖案，杯口偷偷帶點時間走過的痕跡，散發出質樸溫潤的氣息，是一種老老的、迷人的可愛。

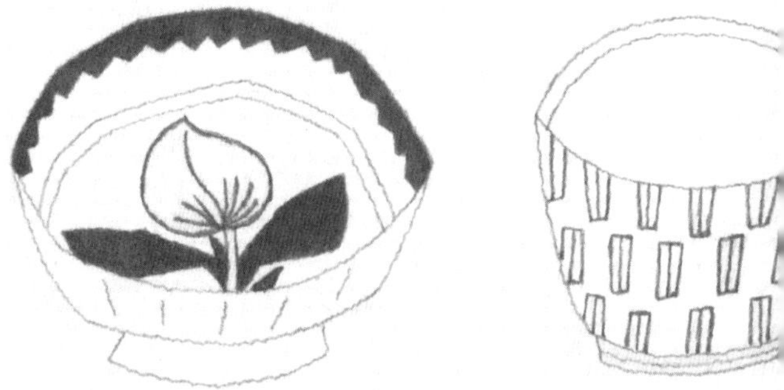

021

孟宗筍

喜歡孟宗筍獨特的微苦甘甜，清明即將來臨，趕在產季的尾聲買幾支回家煮湯。帶殼的孟宗筍，身形渾圓可愛，宛如吸飽了滿滿的元氣，準備一鼓作氣衝出泥土般。

筍子帶回家後，一刻也不得閒，洗淨放入一鍋滾水加一小搓米，小火滾個三十分鐘，靜置冷卻，如此才能將孟宗筍的鮮嫩甘甜好好的鎖在其中。

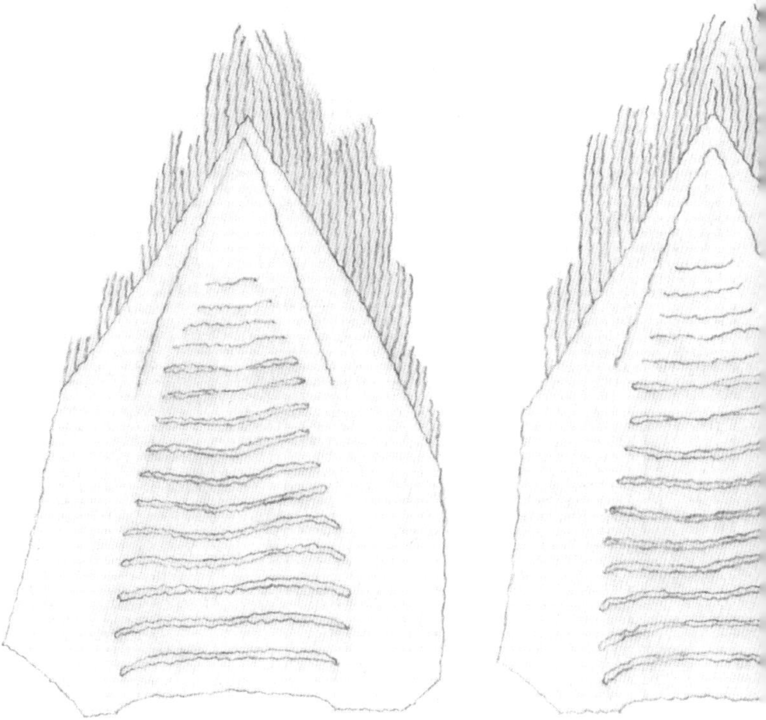

022

貓的焗烤盤

這個焗烤盤，是陪伴P豬一路長大的食器。在牠還是幾個月大的小幼貓時，吃飯總是狼吞虎嚥，然後再吐得亂七八糟。於是我們找來一個盤面夠大，側邊有點高度的焗烤盤，取代原本的小碗。每次盤裡只放薄薄一層乾飼料，吃的時候，鬆鬆散散的飼料顆粒，被牠的鼻頭推來又滾去，想快都快不起來，成功改掉牠的不良習慣。想到這樣的用餐畫面就覺得有點好笑，如果是人的話，根本像幼兒用臉盆吃飯。

現在，這個焗烤盤再也用不上了，我們還是習慣將它和呼底的碗疊一起，放在廚房層架的一角。

註：我們家有兩隻貓，一隻高齡十五歲的橘貓，叫Hoody，通常稱牠做呼底；另一隻則是賓士貓，叫Pillow，體型的關係，通常稱牠做P豬，P豬在九歲時的秋天，成為天使。

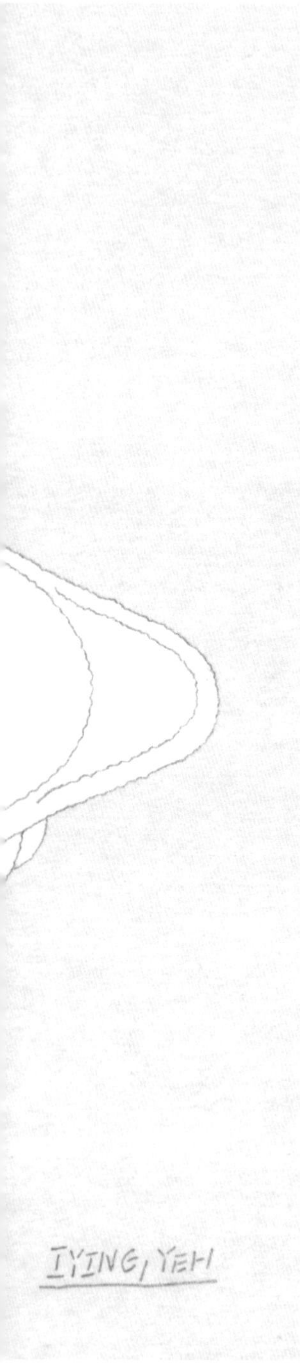

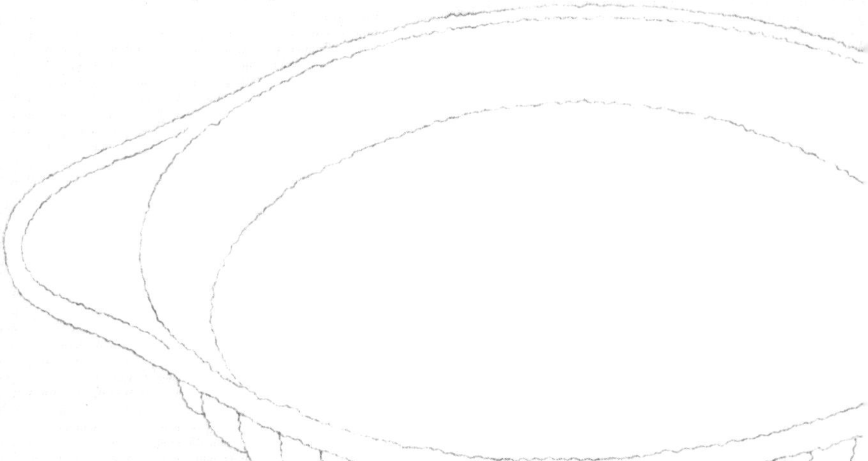

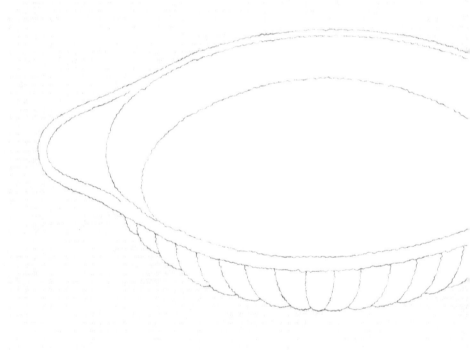

023

梅仕事

又到了清明前後的梅子產季，今年的目標是買少少用好好，漬好一罐理想的梅酒足已。選用來自高雄那瑪夏深山裡的八分熟手採野生青梅，浸漬於台中霧峰香米釀造的燒酎，搭配清透無色的晶冰糖。另外，聽說冰糖在每隔一段時日再慢慢分次投入酒罐，可以避免梅子起皺，今年就來試試看！

其實也沒有特別嗜飲梅酒，只是太喜歡這樣一步一步來的儀式感，從洗淨、晾乾、剔除蒂頭，到投入果實與冰糖、注入烈酒、封罐、貼標，接著觀察變化，偶爾開蓋補點冰糖，也排除些發酵產生的氣體，然後靜待熟成，如此繁瑣而美妙。

IYING YEH

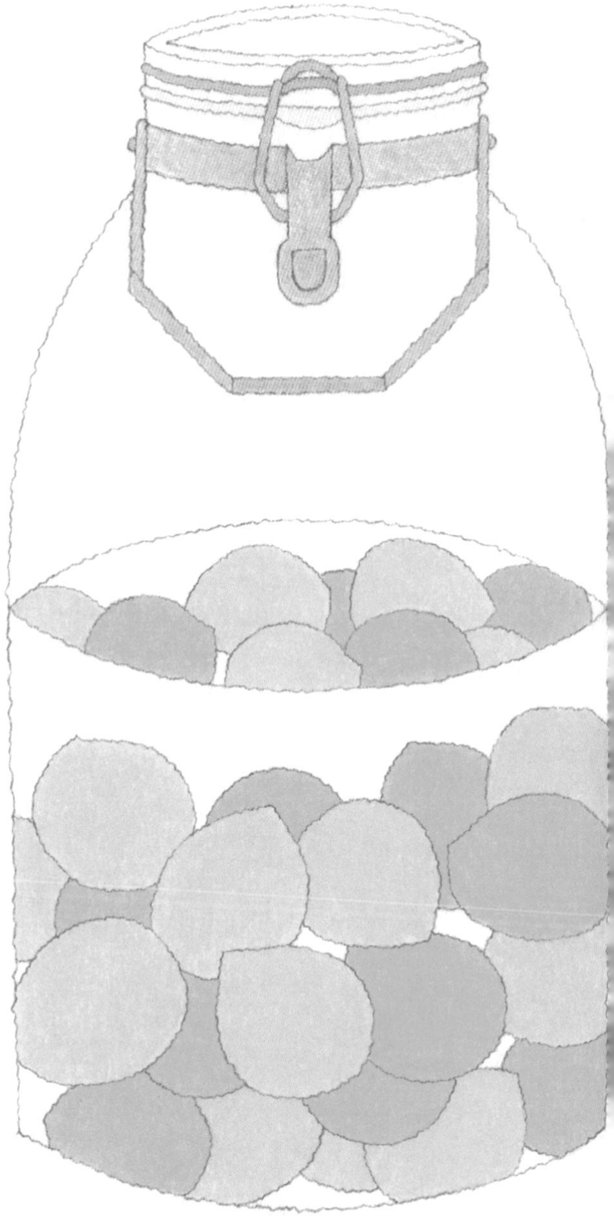

024

黃毛斑馬

「綠色的牛、黃毛斑馬、紫色的象，健力動物～咻砰！咻砰！咻咻砰！」嬰兒健力墊上懸掛的動物布偶，我稱呼它們為健力動物。每當小兒準備開始玩健力遊戲，我會先向他這麼介紹一段，並且搭配拍打布偶的手勢，當作是暖場示範。

感覺他比較喜歡這隻黃毛斑馬，我也一樣。

IYING YEH

025

佛手瓜

多年前去了一趟嘉義阿里山奮起湖，山城小徑中，沿途攀滿了藤蔓，看上去，有鬚有葉也有瓜，吃了奮起湖便當後，才知道原來這路邊長的正是龍鬚菜，而龍鬚菜的果實正是佛手瓜。凹凹凸凸的外型，底部像是掉光牙癟著嘴的臉。今天正好在市場瞧見佛手瓜，怎能放過這偶爾一見的山間滋味。該快快來個佛手瓜炒肉絲，還是慢慢燉一鍋佛手瓜雞湯呢？我腦中這樣盤算著。

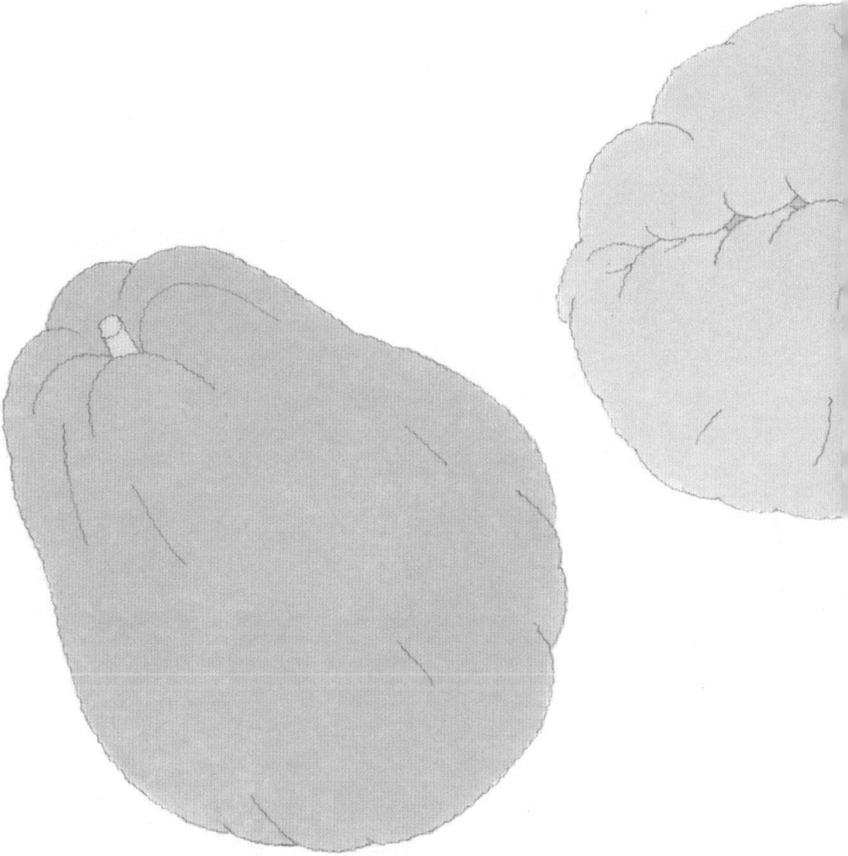

夏日

自製雪裡紅

抓一小把海鹽，均勻灑在洗淨瀝乾的小松菜上，裡外輕輕搓揉，因為鹽分，青翠硬挺的葉菜變得濕潤柔軟，色澤更顯深沉。靜置一段時間後，抹去菜葉上多餘的水分，密封放入冰箱裡發酵熟成兩三天，取出時擠乾葉菜水分，就是多了鹹香風味的雪裡紅。使用青江菜、油菜、小芥菜或蘿蔔葉來製作也各有風味。習慣將雪裡紅切碎拌炒肉末，搭配米飯或麵條，都是充滿溫暖心意的家庭料理。

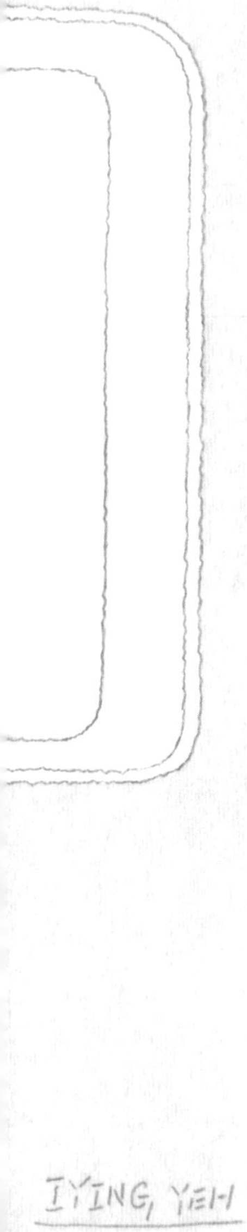

027

半天花

摘下一束淡黃色花絮，
放進初夏的鄉土料理，
這一位帶著野性的清秀佳人。

IYING YEH

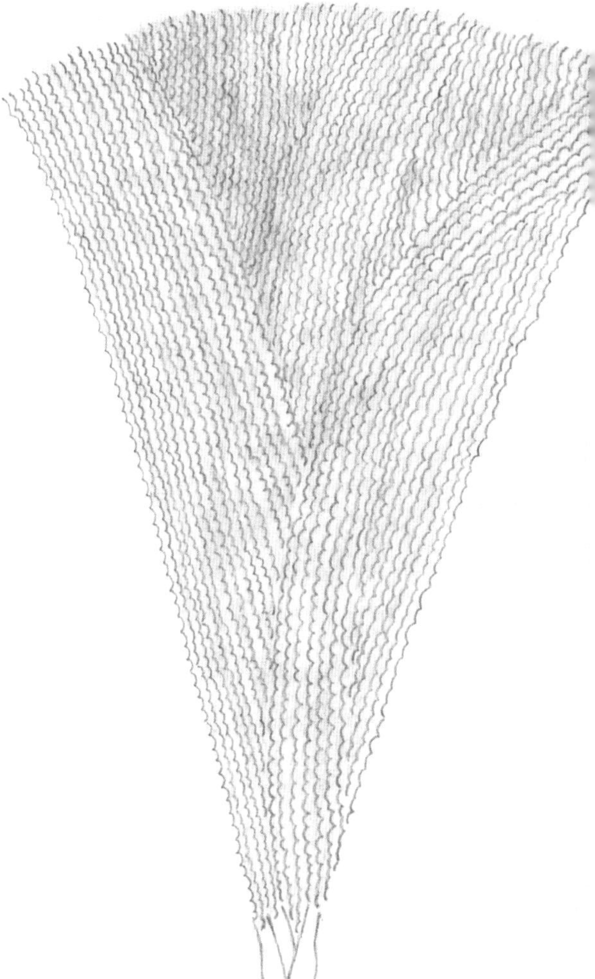

028

房間裡

房間裡，有一面白牆，三個橡木掛鉤，
一只鋁製小衣架，一件白色網眼小背心，
一組三孔插座，兩個安全插座蓋，
一張木製嬰兒床，還有，
一位正在賴床的小小孩。

029

醃蕗蕎

開心買到一把來自花蓮，還帶著泥土的新鮮蕗蕎，接下來有得忙了，蕗蕎的外皮又薄又緊，光是剝除、修剪、清洗就得花上不少時間與耐心，手指滿是蕗蕎味。當然，最後能得到一整盆白白淨淨的蕗蕎也是一種成就感。今天想用甜醋來醃蕗蕎。醋、水、糖、鹽等按照喜歡的比例，調配出甜醋並煮沸，倒入放有蕗蕎的玻璃罐，冷卻後密封冷藏。一開始的幾天，蕗蕎在甜醋裡輕飄飄的晃啊晃，待時間久了才一一沈澱下來，此時蕗蕎就可以吃了，如果仍覺得有點辛辣，那就再浸泡久些，味道會更加溫和。冰冰脆脆、酸甜中帶點生洋蔥的辛香，是很適合常備的開胃小菜。

IYING YEH

030

過貓野菜花束

芋葉當做包裝紙，芋梗是繫繩，包覆纏繞，成為美麗的過貓野菜花束，少了塑膠袋的悶滯感，多了份人情味，這是農家獨門的野菜包裝術。

今天打算用涼拌的方式來料理這束美麗的過貓，仔細摘下幼嫩莖葉，洗淨泡水好恢復飽滿的元氣，接著煮滾一鍋水，加入少許鹽，汆燙一分鐘迅速撈起，泡水冰鎮，瀝乾後放進冰箱，冰透再做調味就能輕鬆去除過貓菜令人害怕的黏滑苦澀。喜歡用淡色醬油、檸檬汁、胡麻清油、白芝麻粒與楓糖漿調製和風醬，涼拌過貓，清爽又對味。

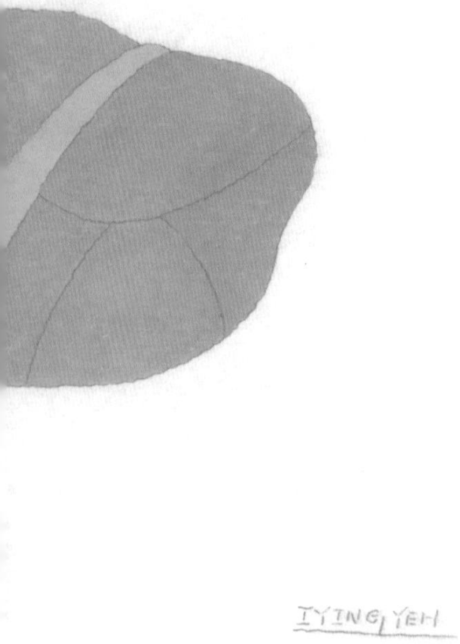

031

小陶蟬

近日的暑氣越來越猖狂，窗外不時傳來唧唧喳喳的蟬鳴，讓我想起了抽屜裡的小陶蟬。土胚純粹的色調透出造形優雅的刻紋，這個未上釉的素胚陶蟬，是多年前的某個夏天，旅行普羅旺斯帶回來的紀念品，記得當時還附上一罐普羅旺斯盛產的薰衣草精油，只要滴幾滴精油在陶蟬上，就是簡易的擴香石。隔了多年，依舊喜歡這個樸拙的小陶蟬，也想念可以遠行的時光。

IYINGYEH

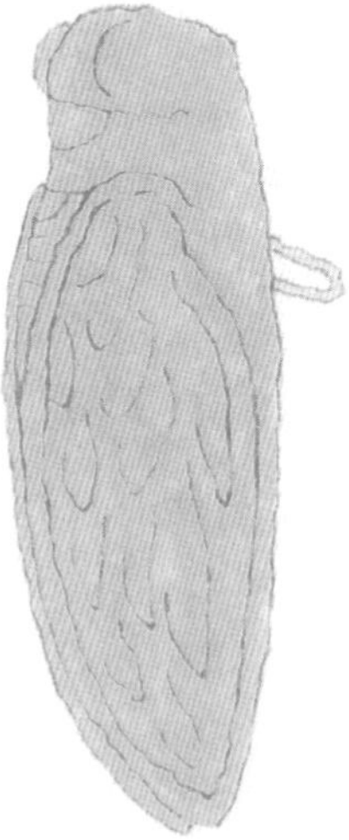

032

草山農忙

這是幾年前在陽明山上看到的一抹風景。
記得是在步行通往繡球花園的沿途小徑上，回頭望去所見。
令人心神嚮往的生活步調，但也充滿著辛勤與勞動。

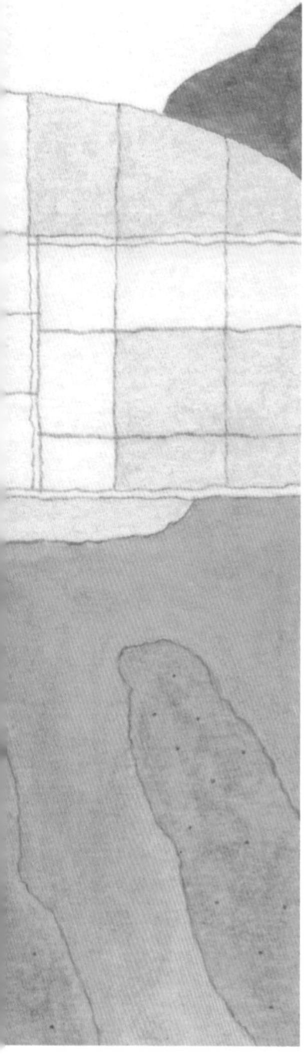

IYING YEH

033

蟠桃

吃蟠桃的時候，總是不經意想到「孫悟空」，
你也會這樣嗎？

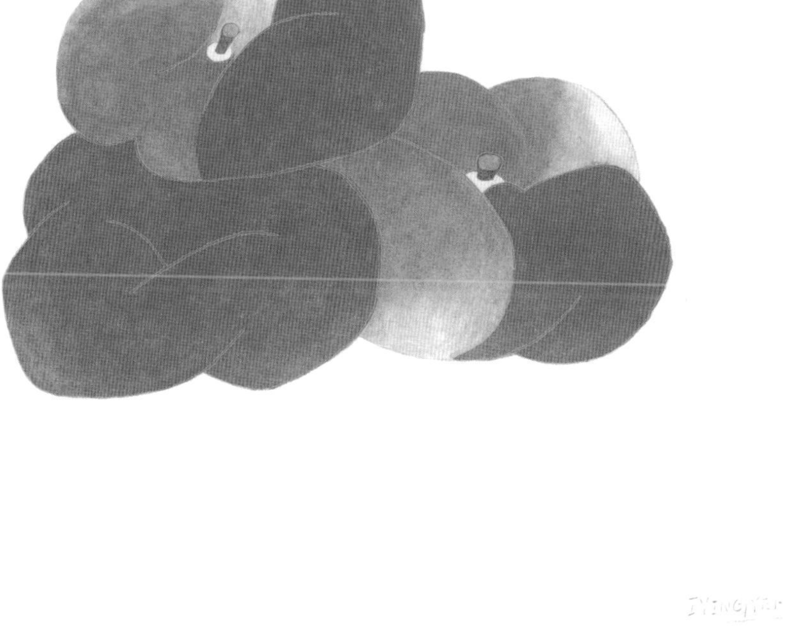

034

青苔便當

今日午餐便當—海菜蓋飯。

哦，不是啦！

其實是從假日花市買回來的一盒帶土青苔，

看起來美味嗎？

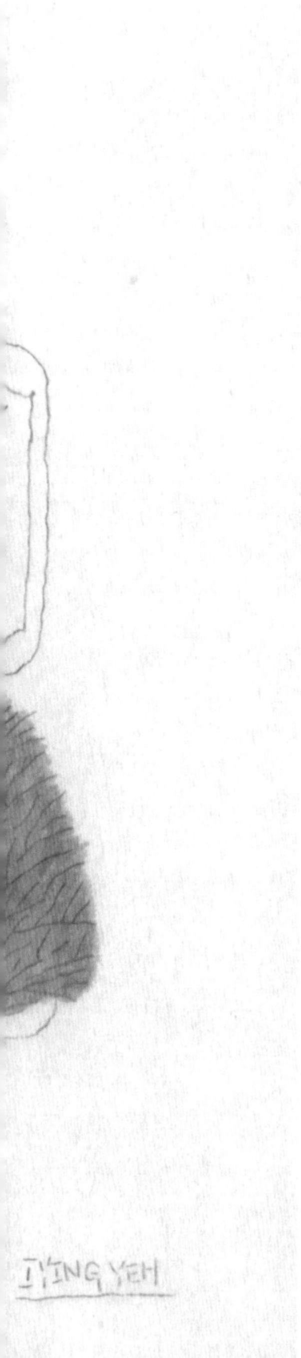

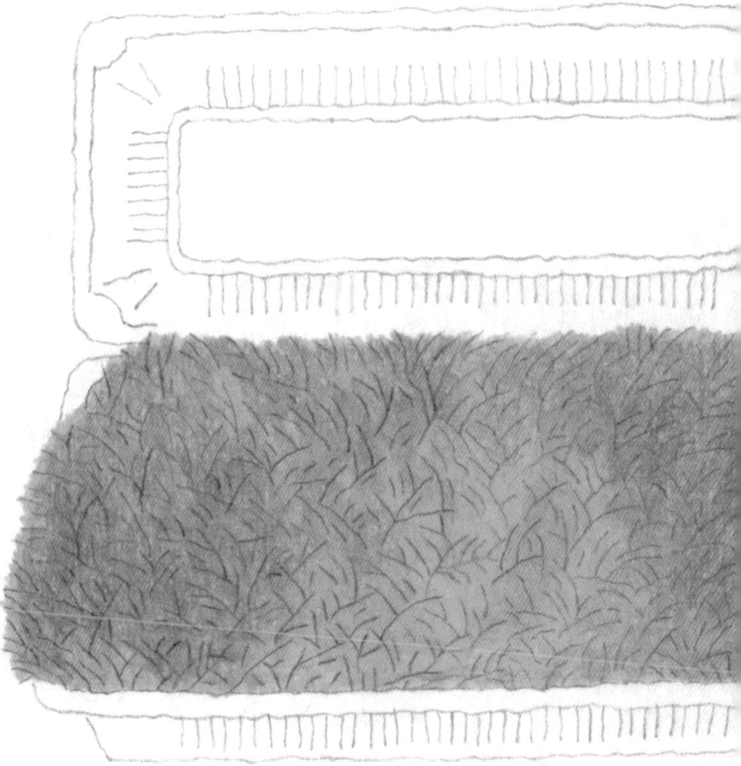

切片冬瓜

夏秋盛產，能夠儲放至冬日不壞的瓜，故名冬瓜。也有人說，冬瓜表皮有一層白粉，好似冬日裡的白霜，於是稱之冬瓜。

冬瓜體型巨大，通常都是切片單賣，一般家庭很少有機會能將整條瓜擺放到冬天吧！喜歡冬瓜剖面的模樣，白玉色澤的瓜肉，中間瓜囊鑲嵌著粒粒分明的冬瓜籽，外圍襯著一圈清新的綠皮，光用看的就覺得沁涼消暑。

上午在為冬瓜去皮、去籽、切塊整理時，也一邊欣賞著它。對了，什麼時候來熬一鍋冬瓜糖呢！但怎麼光想到就覺得熱。

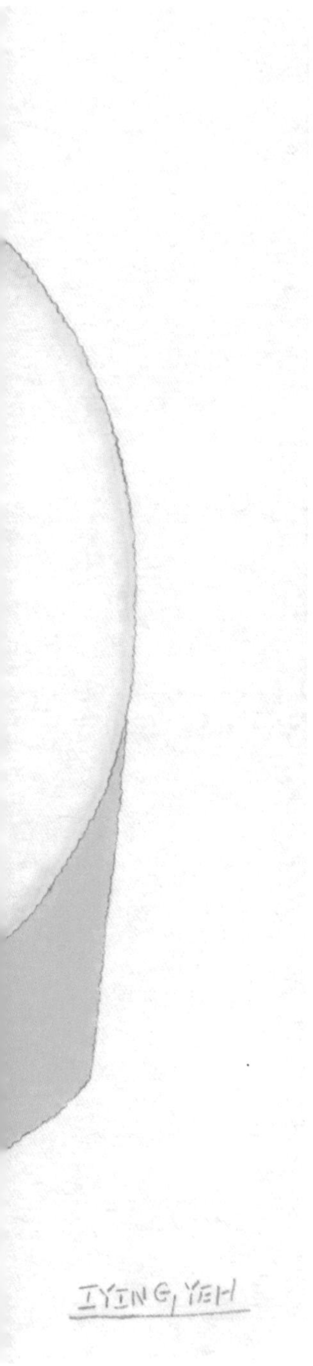

036

球芽甘藍的剖面

球芽甘藍的剖面，
像一棵枝幹強壯葉片茂密的大樹，
我坐在樹下乘涼，
你看不見的地方。

I YING, YEH

037

第一件T恤

今天為小兒的衣物做換季採買，這是他的第一件T恤。

初生以來，從包屁連身衣慢慢改穿上下兩件式衣褲，領子也從開襟式漸漸替換成了套頭式，無袖、短袖、長袖，再到現在的短袖，尺寸從六十公分增加至八十公分。一點一滴的變化，都是時間流動的軌跡。

IYING YEH

038

蝴蝶針

兩天一次施打皮下點滴補充水分，是居家照顧熟齡腎貓的必經之路。先生為呼底施打皮下點滴的技巧越來越熟練，日復一日，累積了一支又一支的蝴蝶針。

未來，不曉得還會有多少隻蝴蝶飛過牠的身旁。

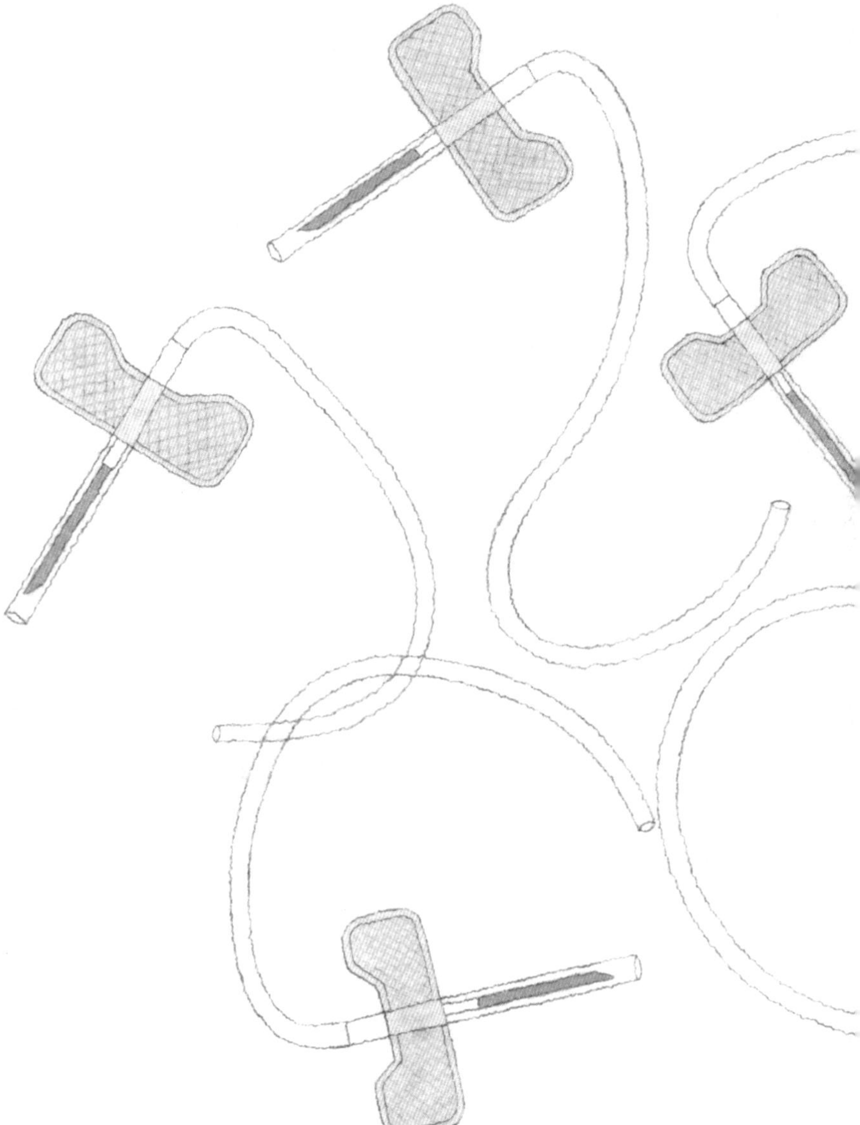

039

粉粿

原來這般金黃透亮的色澤來自天然染料山梔子，
那麼，黃色五號請走開。

IYING YEH

040

恆春來的愛文

噹啷！今天，我是芒果富翁～

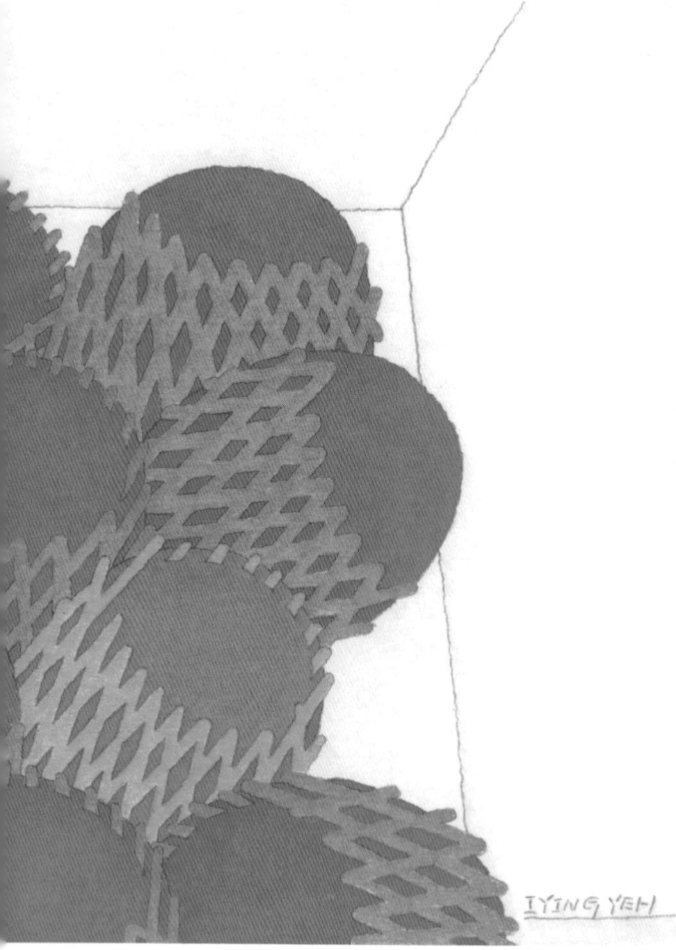

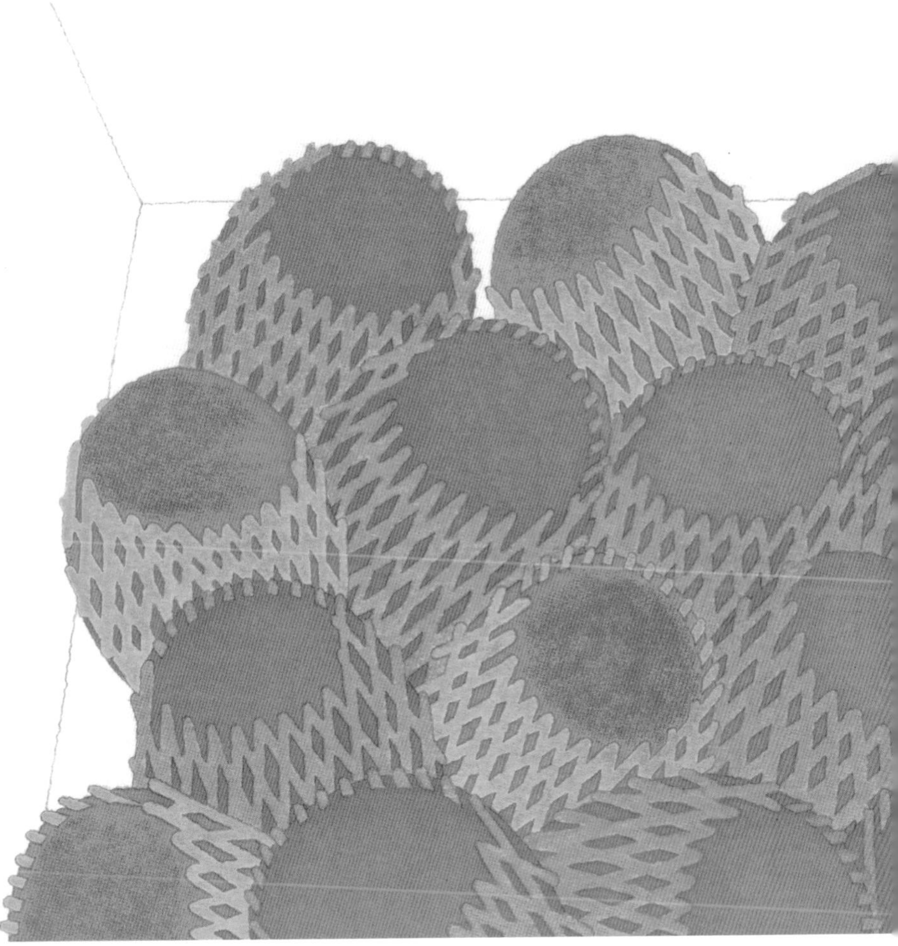

041

鳳眼糕

輕輕拿起，鳳眼形狀的糕餅，
就像糖米粉末，也只是輕輕的凝聚在這鳳眼模具裡。

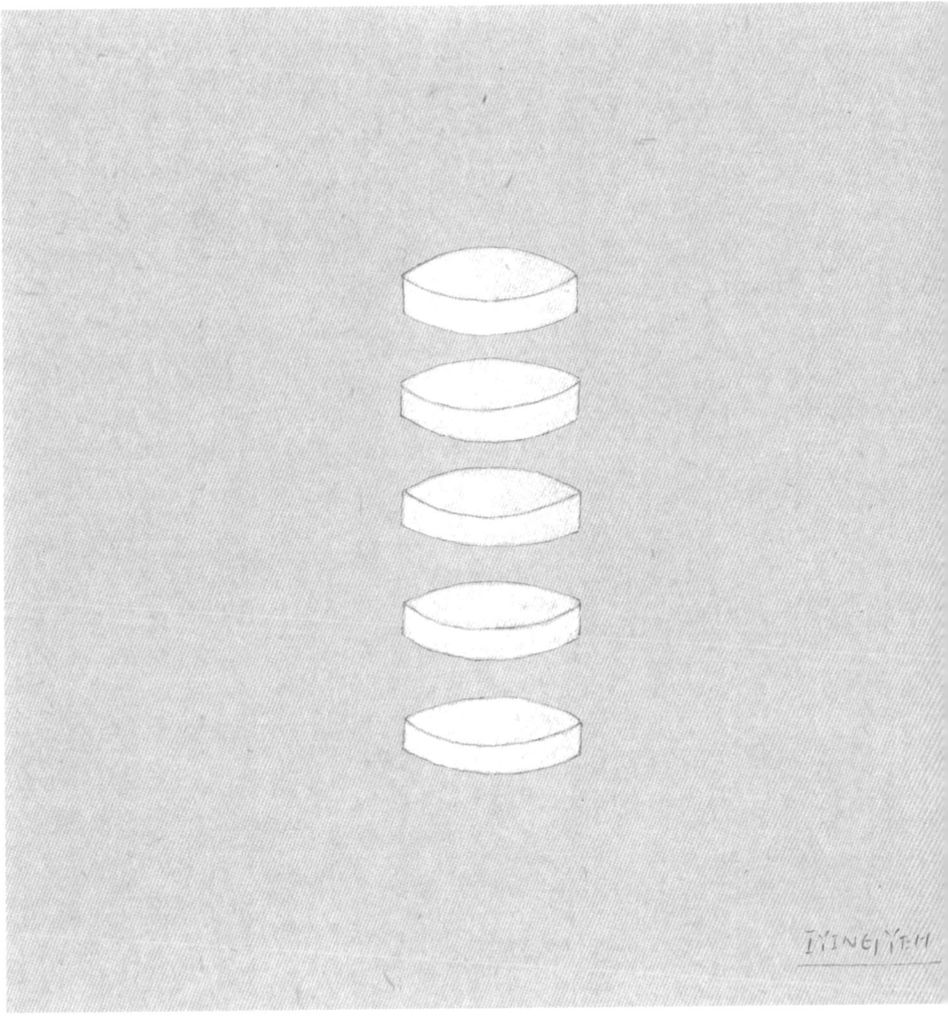

042

花生酥

最近迷上澎湖的特產「花生酥」，解饞配茶都好吃。以大量花生粉拌入糖及麥芽膏，擀匀、揉壓、切塊製成，原料基本，包裝也簡單。一小張微微透光的薄紙，將歪扭扭的花生酥包捲起來，紙捲兩端隨性的摺上斜角作為收口。這一派輕鬆的包裝其實不大防潮，好在以我如此一顆接一顆的速度，花生酥在受潮變軟前，早已被我吞下肚。

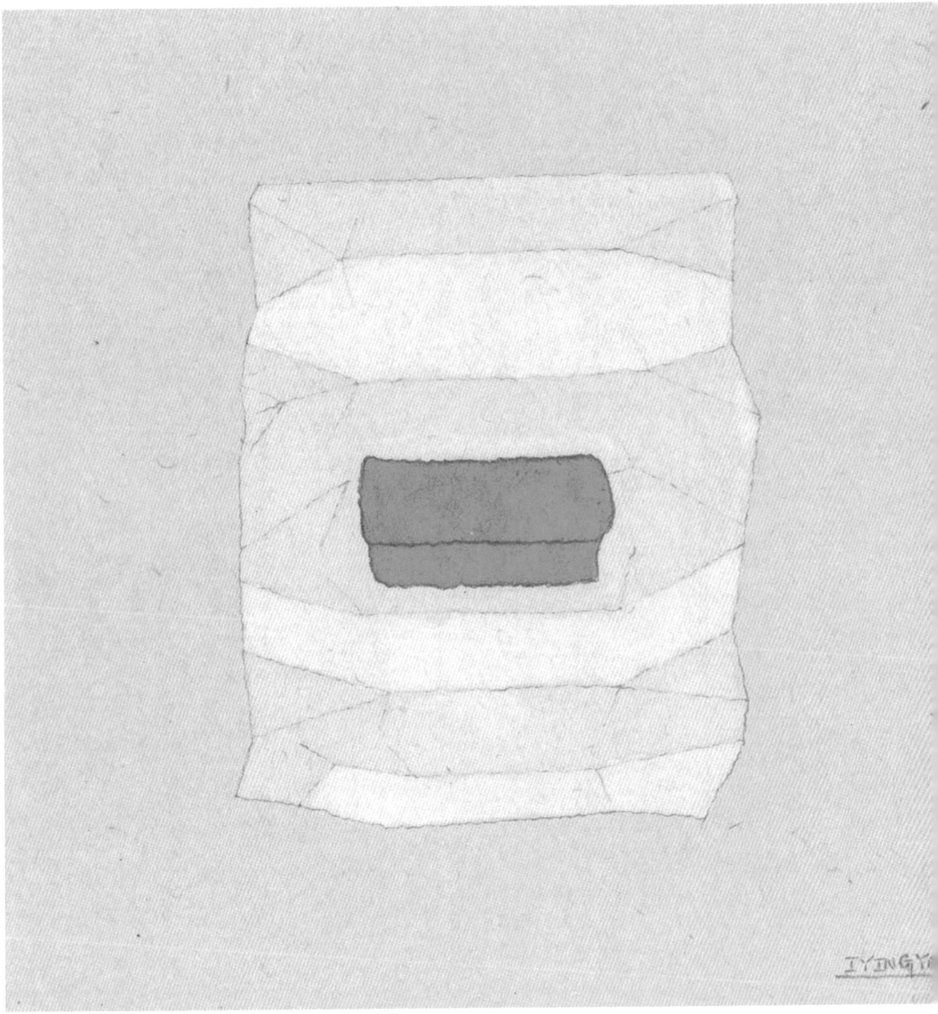

043

輪切辣椒乾

倒出一包鮮紅色的輪切辣椒乾，讓我想到一種兒童橡皮髮圈，綁起來頭皮會痛，拆下時一定會扯掉幾根頭髮的那種。好險小時候的我，幾乎是天天頂著西瓜皮髮型，鮮少有機會綁頭髮，頂多綁過幾次沖天炮吧，但用這種橡皮髮圈綁沖天炮通常最痛。

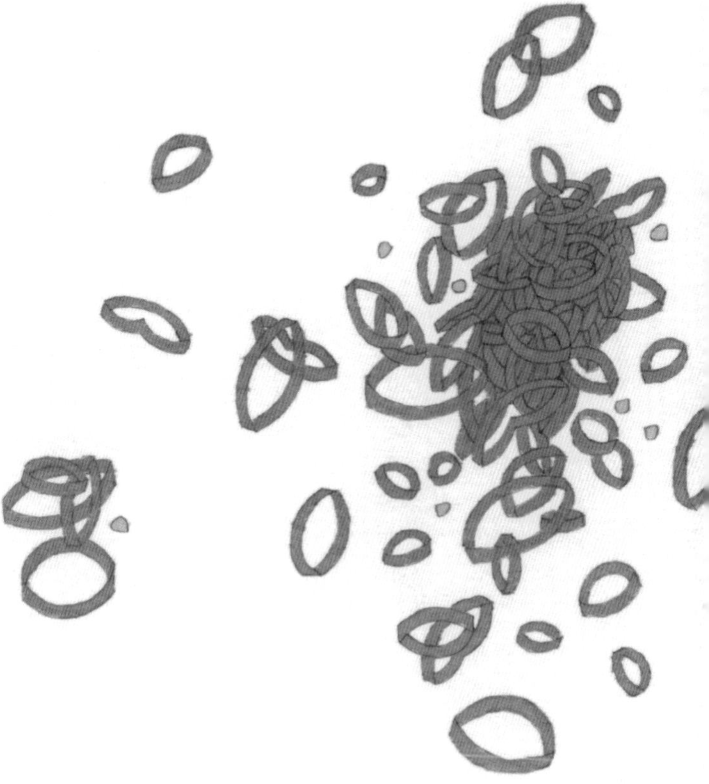

044

九宮格烤吐司

整齊在吐司表面劃上四刀，烤箱烘烤時切痕受熱，表面緩緩撐了開來，看著這樣的輪廓，我想像從高空俯瞰都會城市中整齊的街廓，放上一塊奶油，就讓它緩慢融化在人行道上吧！

IYING YEH

045

櫻桃蘿蔔

小丑卸下臉上的紅鼻子，下班收工囉！

IYING YEH

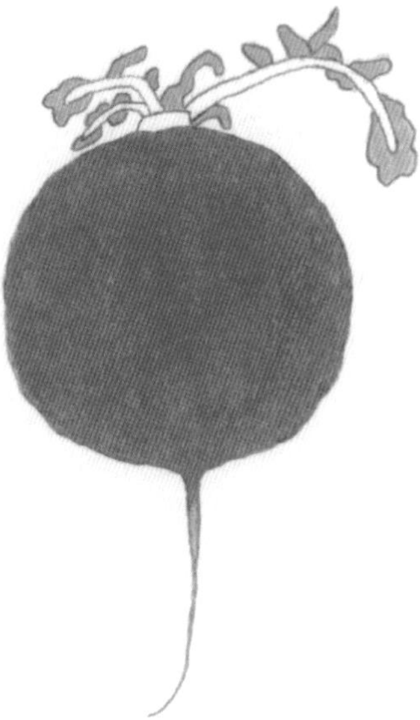

自製漿糊

澄粉是一種無筋麵粉，常用來製作像水晶餃、腸粉等，這類餅皮半透的點心。今天買了一包澄粉，不是要做點心，而是要調一罐天然漿糊，方便之後裱紙畫圖用。使用無添加防腐劑的漿糊，畫紙才不容易變質泛黃，於是特地查了自製天然漿糊的簡易方法。首先將等量的澄粉和常溫純水調和，注入四倍的沸騰純水，快速攪拌至呈現米白色半透黏糊狀，放涼，有結塊顆粒的話再視情況過篩。新鮮製作的天然漿糊，記得放冰箱冷藏，最好一週內使用完畢。

咦！怎麼聽起來好像食譜。其實在廚房做完這罐溫溫熱熱，香又濃的漿糊時，還真想試吃一口，想到小時候曾經拿廚房櫥櫃裡的太白粉加熱水與砂糖，攪拌一碗甜滋滋的超濃勾芡來吃，真是無聊又有趣！

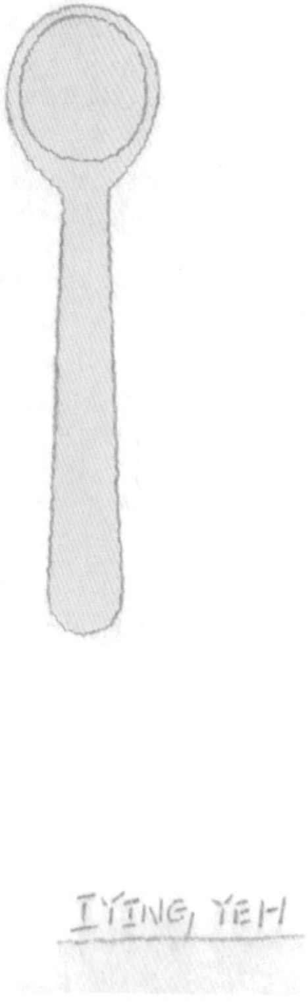

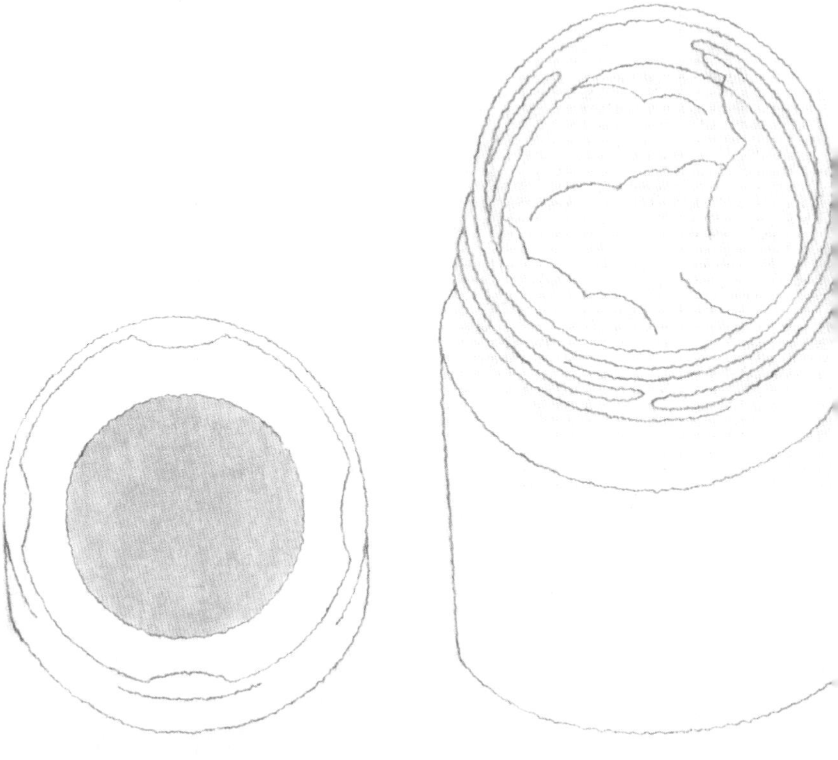

047

野薑花

酷暑天，在市場花攤買了一束含苞的野薑花，回家才發現，袋子裡的野薑花早已在路途上悄悄綻開了。野薑花買回家後，要記得整束完全浸泡在水裡一段時間，吸飽水分瀝乾後再插瓶，如此野薑花才能開得多又久。當然也別忘了每天勤更換新鮮乾淨的水，以及為花莖剪新的切口。

IYING, YEH

048

草菇新鮮不新鮮

傘兵們宣告任務失敗，先是路途炎熱，蕈傘逐漸鬆開，然後冰箱一夜寒氣，身軀早已潮濕軟爛。菜販怎麼沒有告訴我，新鮮草菇不易保存，買回家後要先汆燙再進冰箱啊！難怪以往看到的草菇，大多是以罐頭的形式出現在市面上。

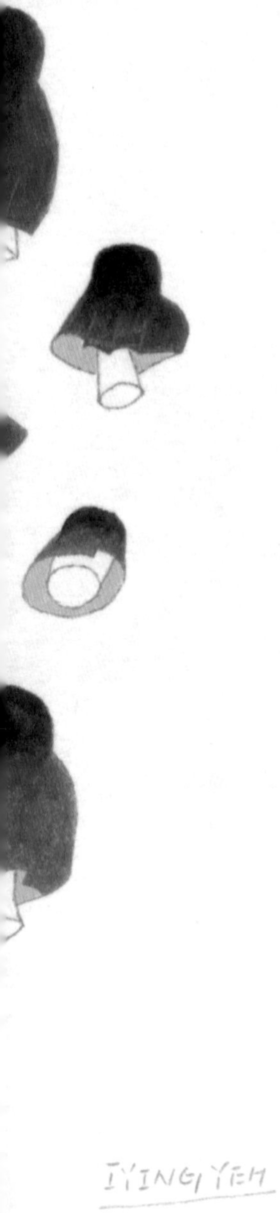

049

烤鳥蛋

沒有特別鍾愛烤鳥蛋這款街頭小吃，只是覺得這座烤爐烤起鳥蛋來，格外逗趣古錐，彷彿是一座擺放在柑仔店前的滾珠型遊戲機台。

說到鳥蛋，讓我想起小學某段時期，校園興起一股孵化鳥蛋的熱潮，連福利社都進駐廠商，賣起了鵪鶉蛋孵化套裝組，是說……到底有多少小學生最後真的成功孵育出小鳥呢？還是拿去烤鳥蛋了？

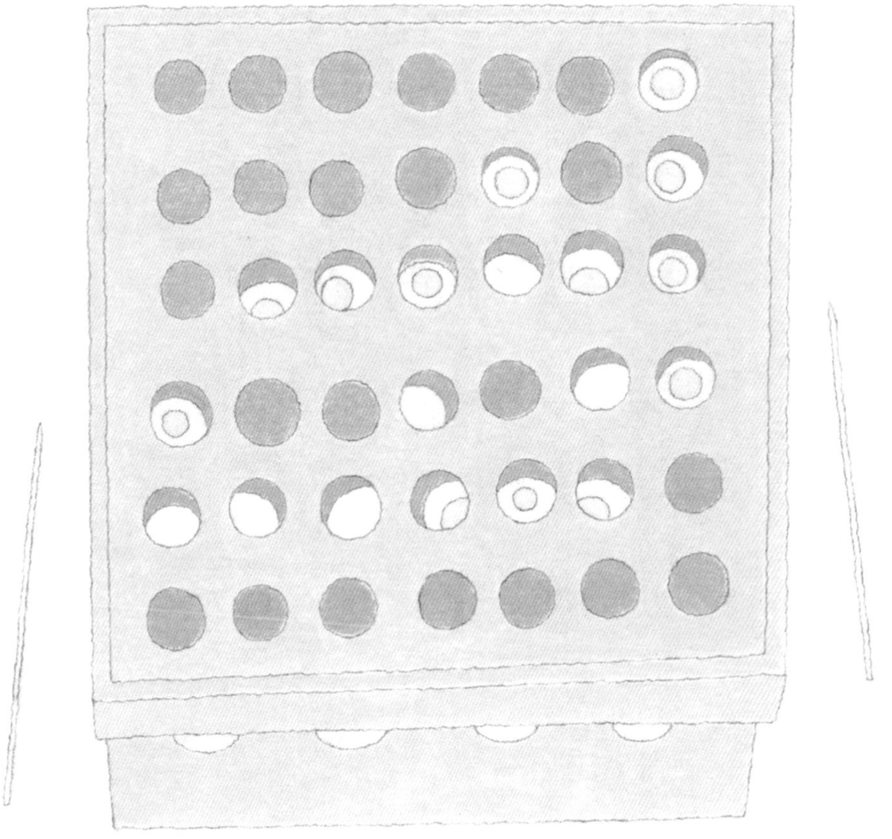
IYING YEH

050

無籽酪梨

沒能等到昆蟲協助授粉的酪梨果實，
肚子裡少了一顆碩大渾圓的種籽，
吃起來倒是挺方便的。
這麼說，好像對無籽酪梨有點失禮。

IYING YEH

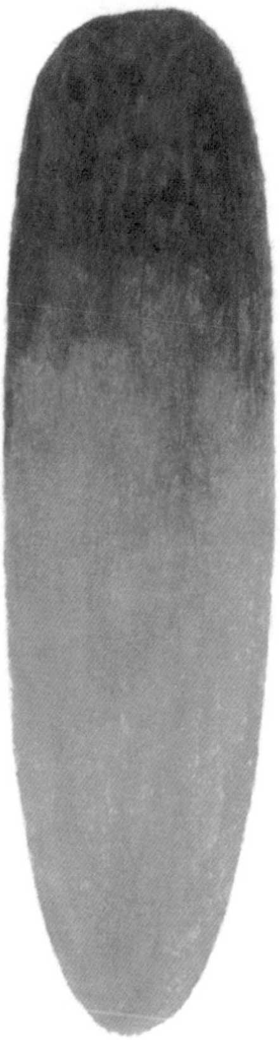

秋日

051

口水巾

這一條攔截溢奶，那一條抹去口水，還有一條不小心掉到地上。

小兒的成長，是用每日待換洗的口水巾層層堆疊起來的，一條接著一條，濕潤且洋溢著一股乳酸氣息。

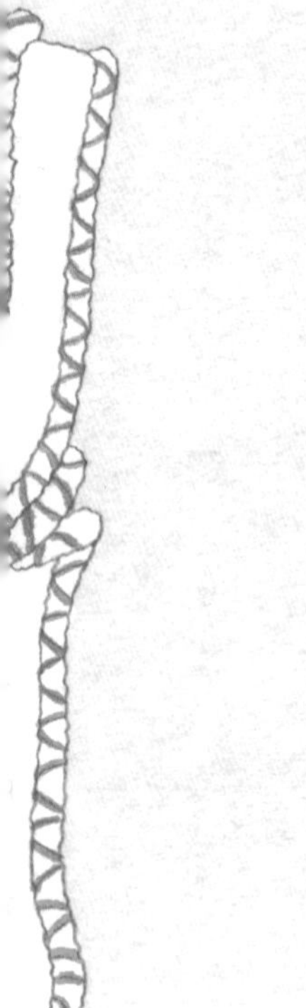

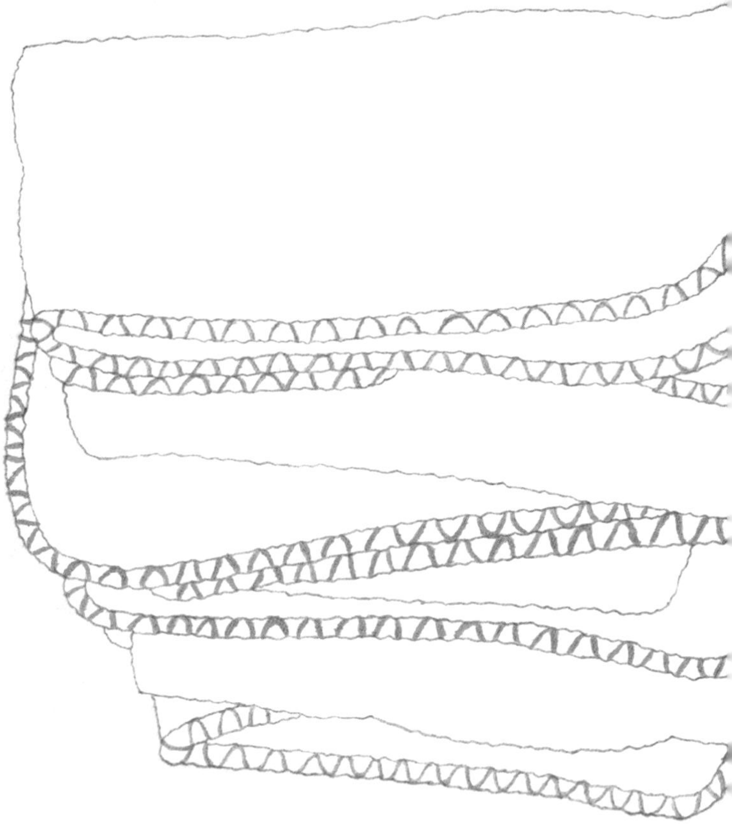

052

美肌白光

買了一盒蘑菇打算來做燉飯。白白淨淨的蘑菇，看起來十分新鮮美味，裝在天藍色的包裝盒裡，像是一球球的卡通雲朵掛在天空中。我拿起其中一朵，準備用刷子拭去蕈褶裡的塵土時，發現手上的蘑菇怎麼忽然顯得混沌黯淡！是我眼花嗎？互相比較一下盒裡盒外的蘑菇才恍然大悟，原來是這天藍色盒子幫蘑菇打了美肌白光呀！

IYING YEH

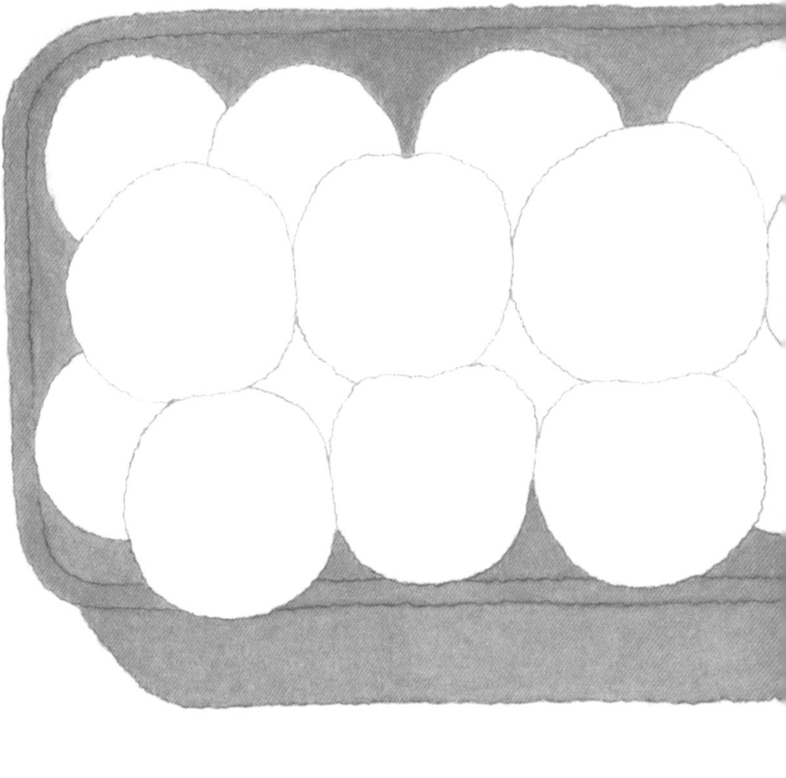

053

高麗菜的切法

最近喜歡這樣處理高麗菜，像切波士頓派一樣，清爽俐落。

因為保留中間菜芯不被截斷，使得下鍋後的高麗菜像泡了水的書，層層緊貼在一起，如此更能吃出高麗菜葉的爽脆飽滿，大口大口好過癮。

I-YING YEH

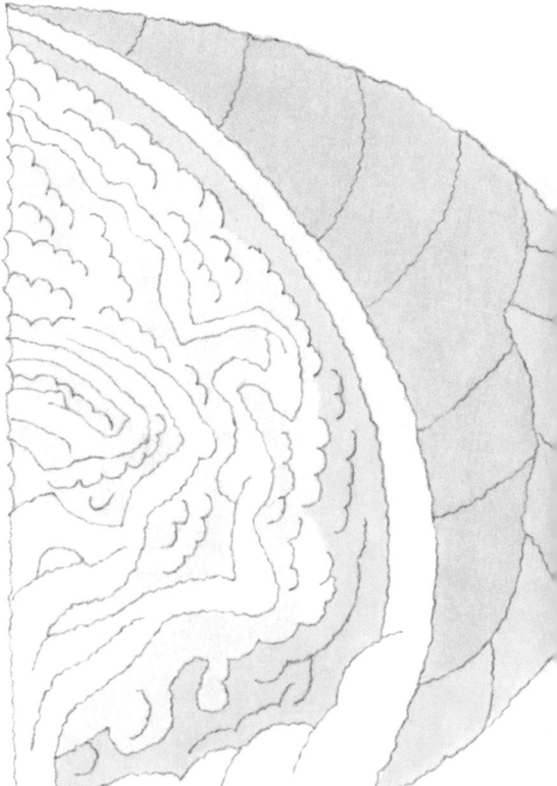

054

培根

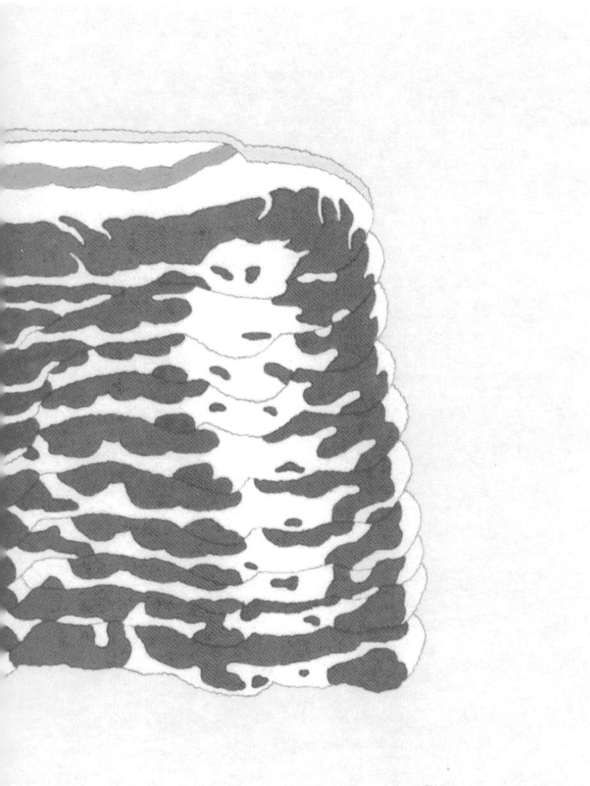

一片片平整排列開來的培根，
因為油花分布所產生的圖案，
宛如構成一幅奇妙的等高線地形圖。

055

梅乾菜

脫水乾燥的梅乾菜，層層疊疊的紋理，像極了珍奇異石的標本。遇水膨脹展開的特性，讓我想到小時候玩過的魔術毛巾。不過梅乾菜展開後得清洗一番裡頭藏匿的沙石，魔術毛巾則是乾淨得能抹去臉上的髒污。

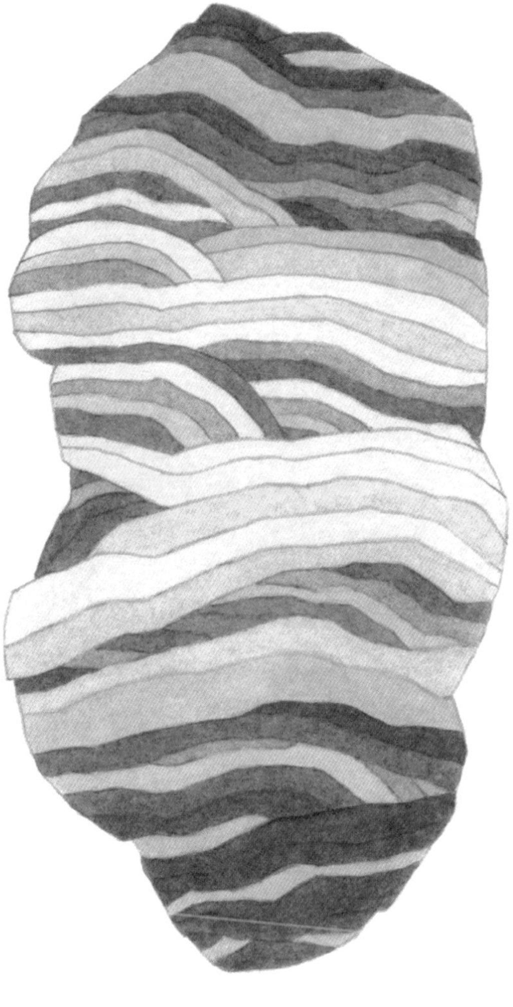

056

帶卵柳葉魚

日日陪伴的育兒生活裡，
灰心疲憊時，感覺自己像是一尾帶卵的母柳葉魚，
身體彷彿快被龐大的卵囊給吞噬了。
小孩呀！小孩！

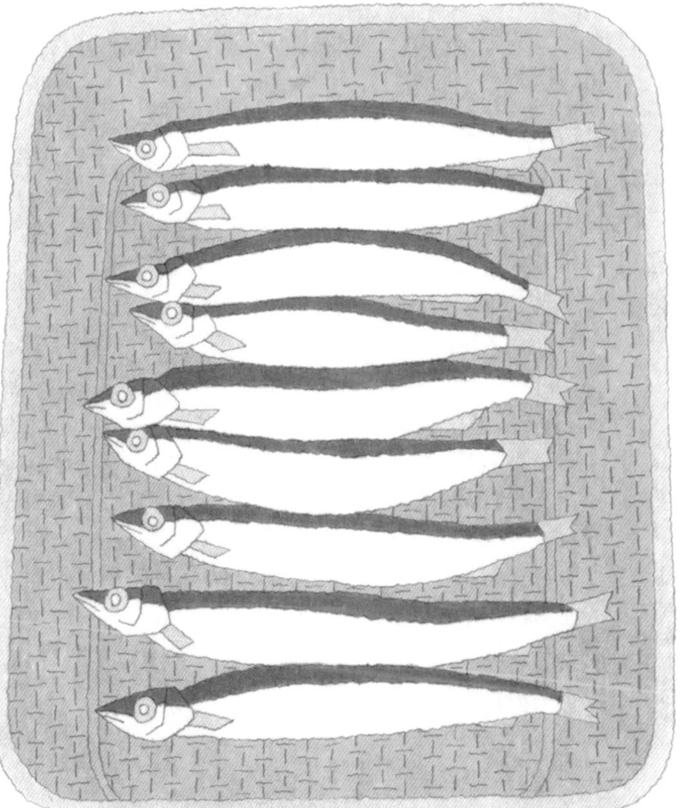

IYING YEH

057

鬆餅君

謝謝你，鬆餅君！我感覺好多了。

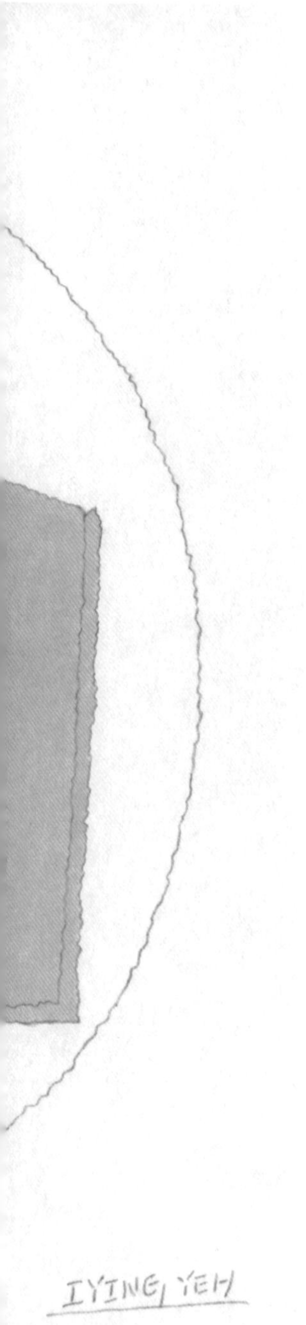

058

純手拉麵線

來自鹿港的老手藝，
手拉，每根麵線的粗細不盡相同，
雪白，如老人的長鬍鬚，
那是誰在鬍鬚上束起橡皮筋呢？

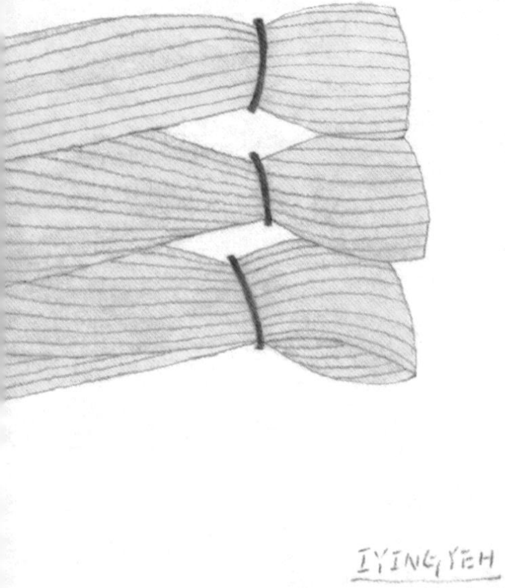

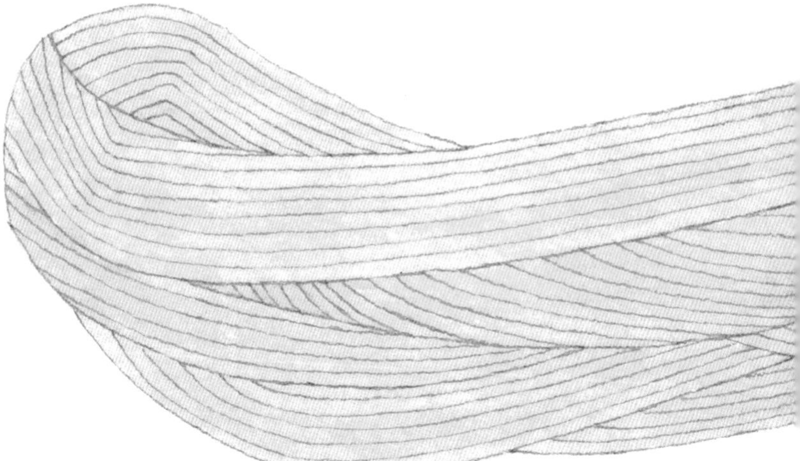

059

黃金板栗

栗子正盛產，買了一袋嘉義中埔的鹽炒黃金板栗，想做糖漬。板栗去殼後，一個個用紗布包裹保護著，放進糖水裡開火加熱，熄火浸泡，再加熱，再浸泡，連續四天，最後摘下紗布，接著低溫烘烤收乾多餘水分，香噴噴甜滋滋的法式糖漬栗子才完成，同時得到一罐栗子糖漿，實在有夠厚工。

這種繁瑣工事做過一次就很滿足了！

IYING YEH

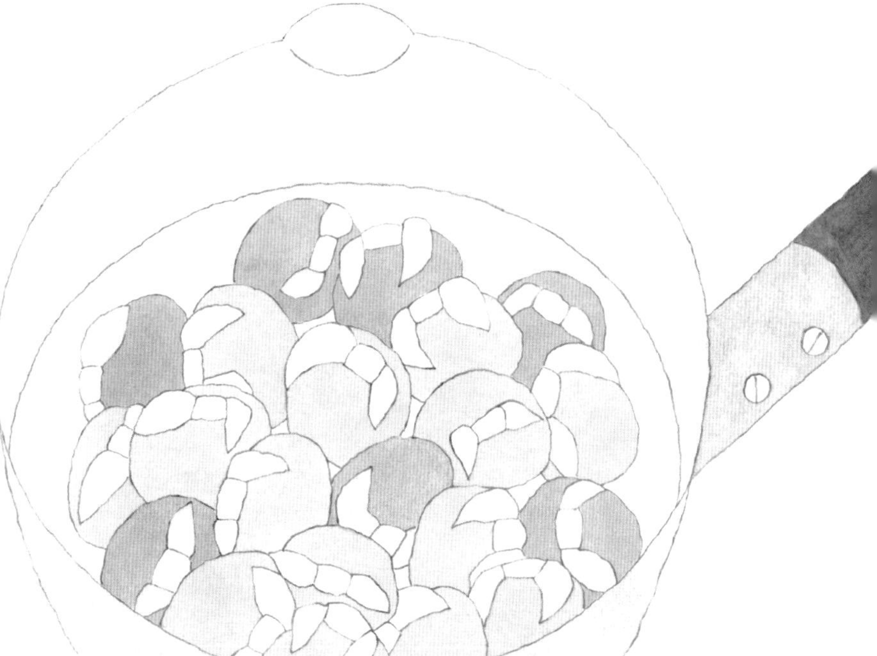

060

菱角

牛角、翹鬍子、海盜帽、胖鳥。菱角的外型讓人有著無限遐想，每每買回一袋菱角，總會先將它們攤放在廚房檯面上，仔細端詳把玩一番，看看這次又像了什麼，才開始料理。

台南官田一帶當季盛產的菱角，真是好吃，不論水煮或燉湯，一樣的甘甜鬆軟好滋味。

061

台北植物園裡的長型溫室

烈日照映，黑網底下的溫室依舊顯得陰鬱幽暗，平日大門深鎖的這裡，一直是我嚮往卻又未曾踏入的靜謐之地，每次經過都像孩子般踮起腳尖傾靠在玻璃窗外，試圖往內一窺究竟，只是孩子們看的是商店櫥窗裡的糖果玩具，而我看的是這裡的花花草草，被照顧得如此美麗。

062

月桂葉

習慣將月桂葉用在燉煮上，一小片葉子就能換來一整鍋芬芳。這次，我試著將月桂葉一片片敷在梅花肉塊上，像小孩玩貼紙般，搭配鹽、糖作為烤肉醃料。其實是從雜誌食譜上學來的小把戲。

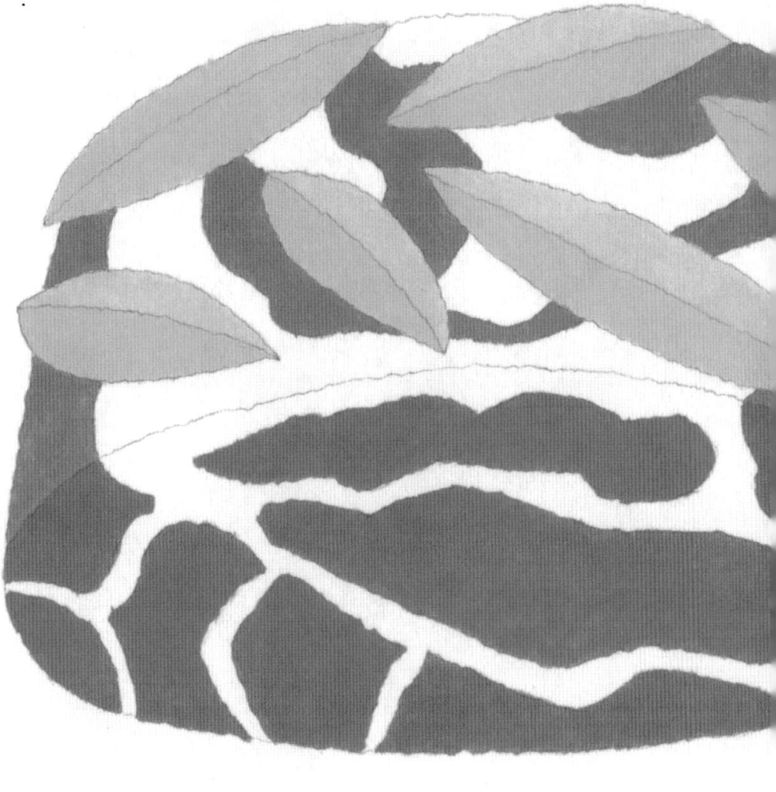

063

水針魚

近看水針魚，
才發現那尖長突出如喙子的是下頜的延伸，
原來水針魚是厚斗啊！

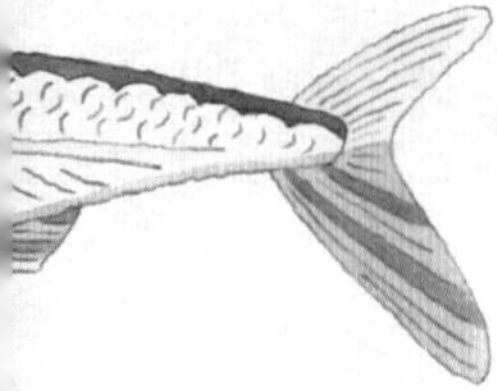

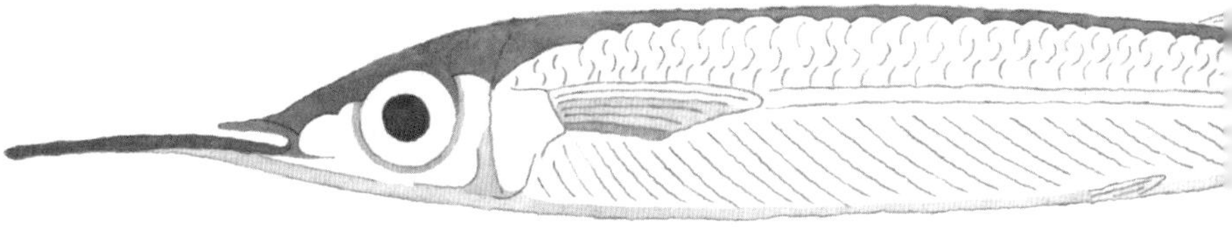

064

最後的阿里山山葵

喜愛山葵微嗆辛香的滋味，但更愛山林綠地的完好健在。當知道種植山葵不利阿里山水土保持之後，已在手中來自阿里山奮起湖的山葵，一半磨泥沾麵，一半切片燉湯，就當作是道別吧！

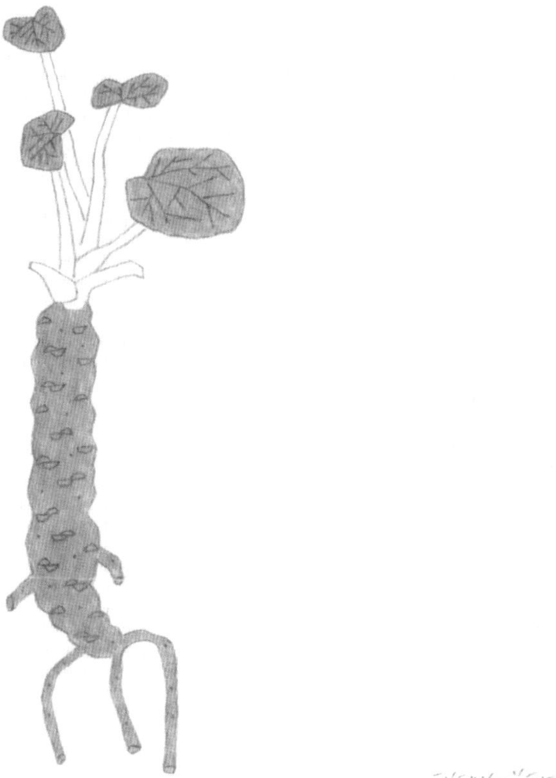

065

打開甜豆莢

打開甜豆莢，倘若裡頭的甜豆是飽滿大粒，心情也會跟著愉悅起來。第一次看到這種打開豆莢的料理呈現方式是從日式食譜而來。這樣一串串像掛著小燈泡球的甜豆莢，實在可愛又別緻。

IYING YEH

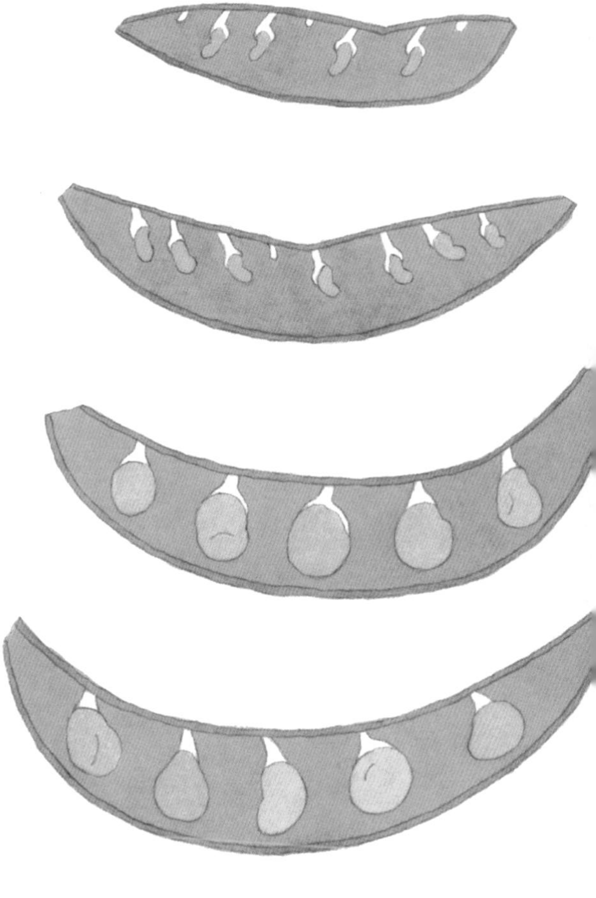

066

吐司M型化

以為是吐司產品售價的兩極化嗎？不！是吐司頂部因擠壓碰撞而產生的M型凹陷。回家後發現提袋裡的吐司早已M型化是最讓人扼腕的事。

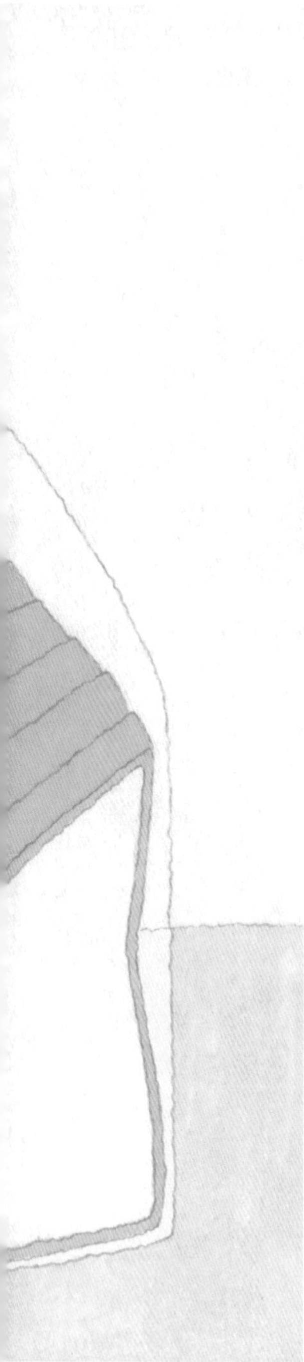

I YING YEH

067

特殊手縫針組

這是在美術社買的一套特殊手縫針組，因應皮革、帆布、地毯麻袋……等不同材質，所設計出適用的針種。

其實當初並非有使用上的需求才購買，純粹是基於好奇，並且覺得這些針看起來好美哦！光看針的粗細、尖盾與彎曲程度，便開始想像這些織品材質的軟硬與疏密，想像需要費多少力氣去縫製，想像刺到手會不會痛……之類的問題。當時在美術社裡的我，腦內小劇場是這樣上演的。

IYING, YEH

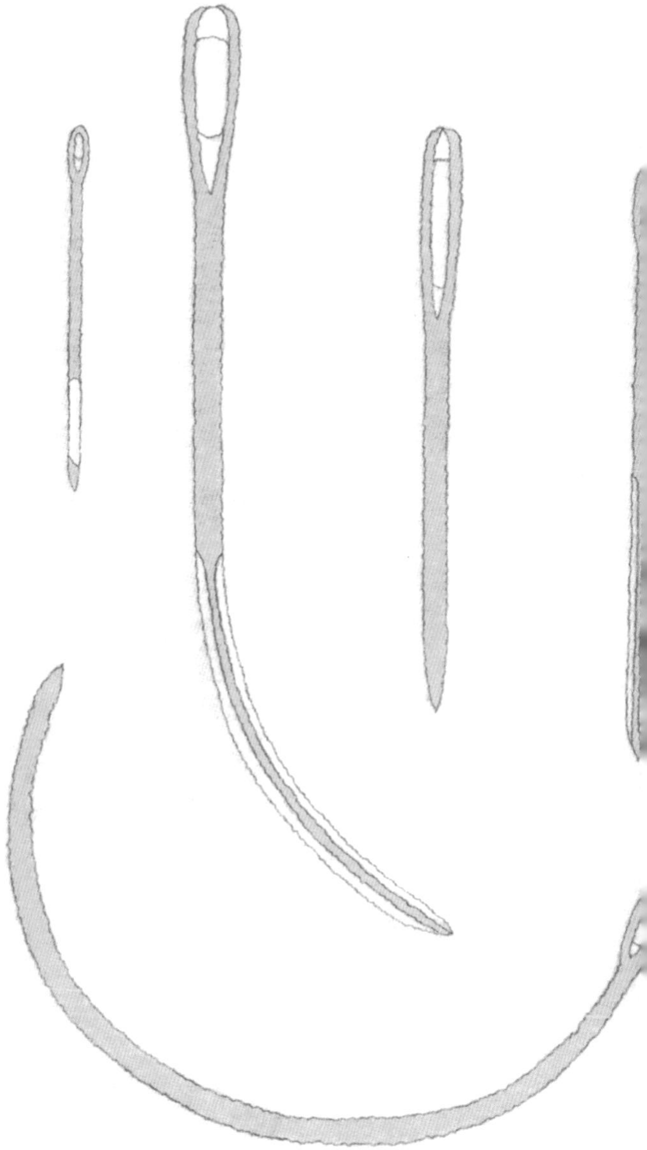

068

眼鏡

我沒和人打架，
是小兒又把我的眼鏡抓歪了。

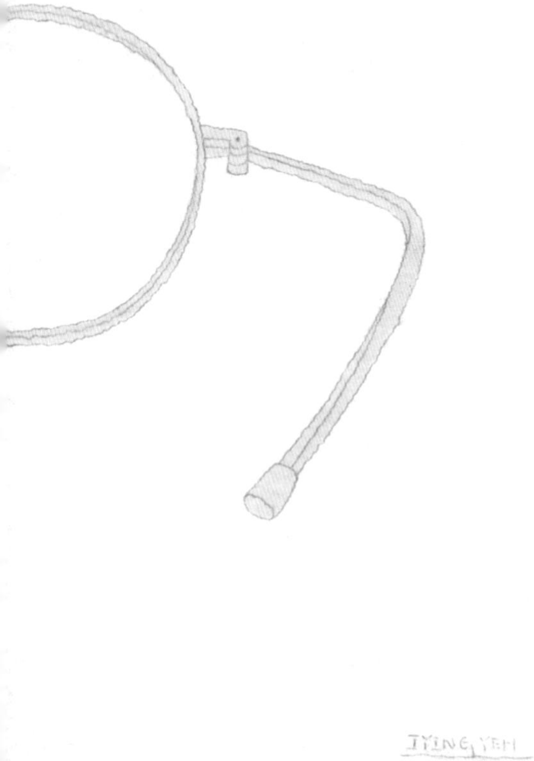

提早關燈

客廳裡的夜夫人白拉索蘭正盛開。前幾天晚上總因為亮著燈忙著瑣事，直到準備洗澡就寢，熄燈沒多久時，才聞到滿室花香。今天提醒自己，晚上記得提早關燈，只留遠處微微幽暗的光，然後靜靜期待花朵們開始吐露出清雅的氣味。人、植物、光線，彼此之間的互動，好微妙。

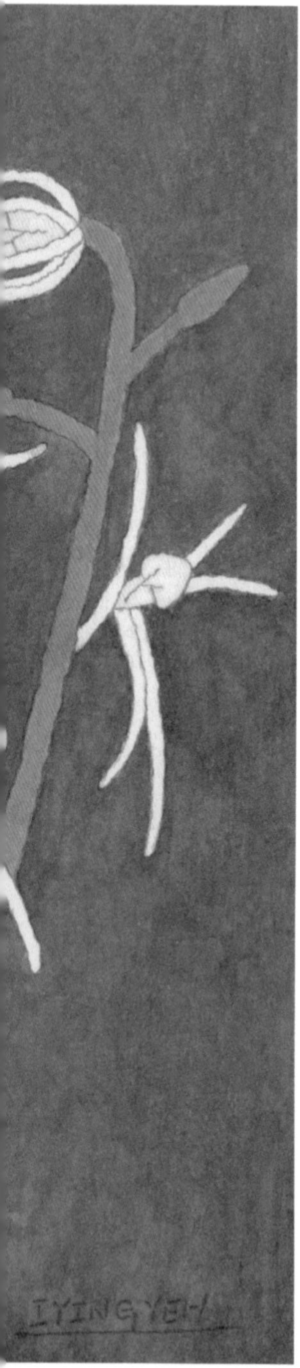

070

阿里鳳鳳

今日小遊烏來，在原住民風味餐廳品嚐了各族特色米食，阿里鳳鳳便是其中之一。將林投葉處理編織成器皿，填入糯米與鹹豬肉包裹起來，小巧別緻得像是個禮物。在阿美族的早期傳統社會裡，妻子便是這樣為外出丈夫準備餐食，因此有「情人粽」這樣浪漫的美名。

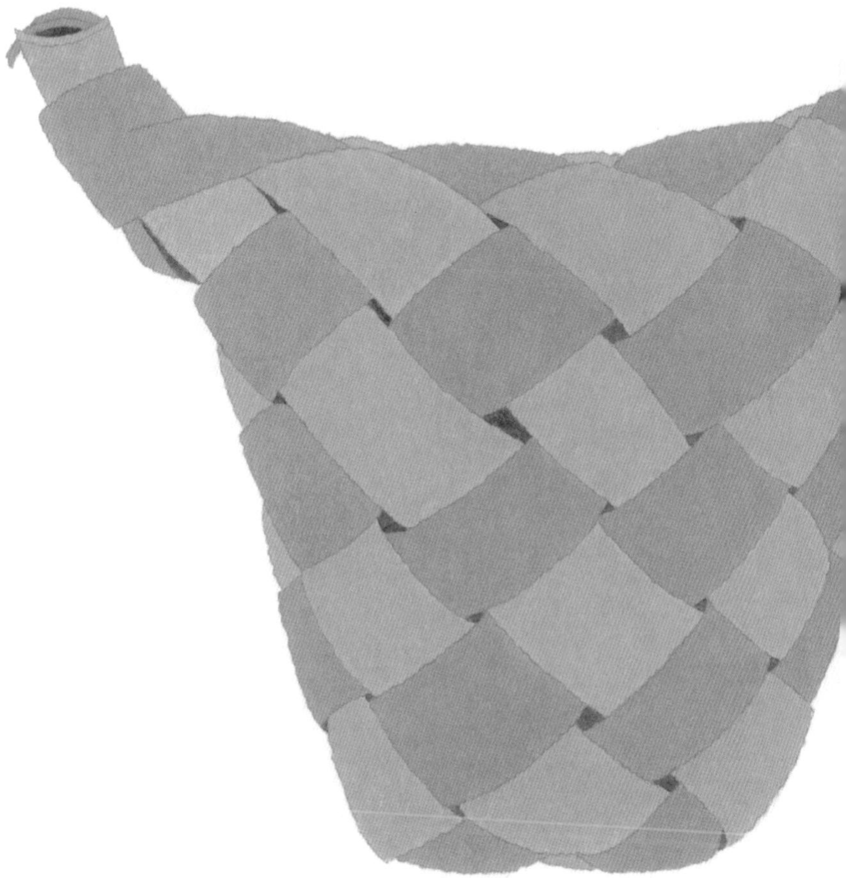

071

紅蘿蔔盆栽

哎呀！幾天沒留意，冰箱裡的紅蘿蔔竟悄悄冒出了幾根新芽，希望不會帶走蘿蔔本身的甜味才好。那……不如把蘿蔔頭切下來，拉小兒一起來種紅蘿蔔盆栽吧！記得自己小時候也這樣玩過。

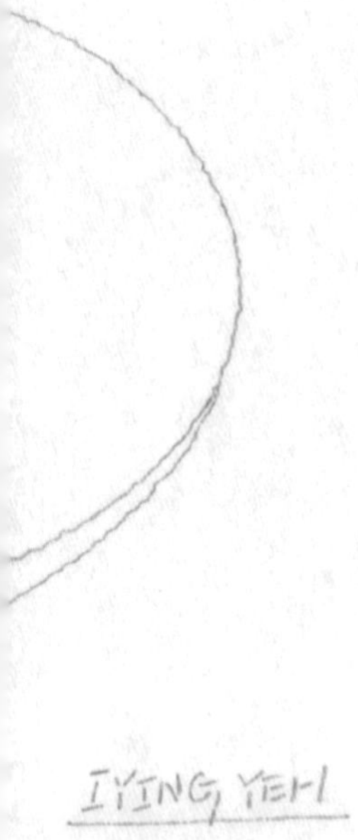

072

優雅的束縛

運用天然植物纖維所編織出的日常器物，我一直以來都很喜歡，竹、月桃、藺草、麻、藤……等各有風情。然而，從沒想過有一天，在萬里的龜吼漁夫市集，用來綑綁固定大閘蟹的編織會深深吸引著我。不清楚這是什麼草或葉，色澤紋理在濕漉漉的狀態下，能夠襯出大閘蟹深沈墨綠的外殼，有如名家陶器般優雅。我在這攤大閘蟹前佇足許久，猜老闆一定覺得我在對肥美的蟹流口水，殊不知我是陶醉在這優雅的束縛之中。

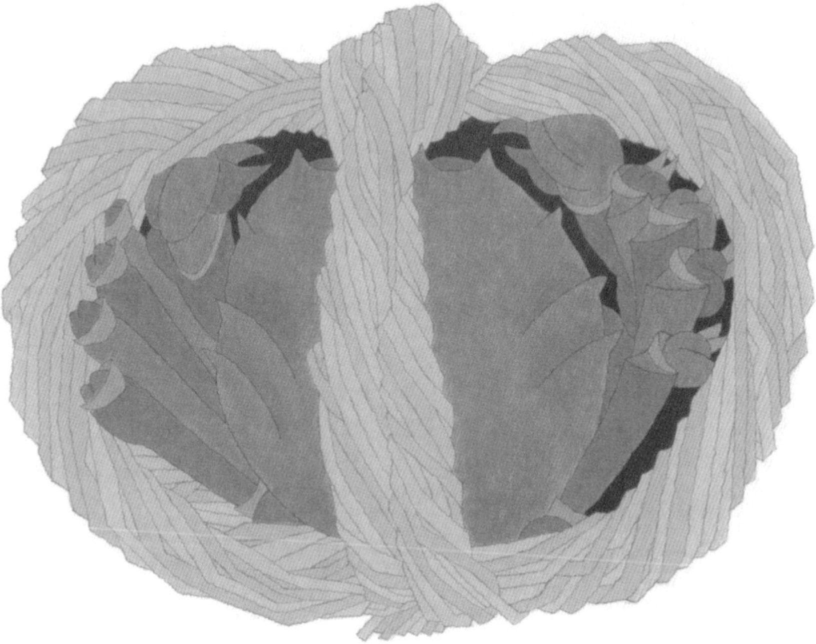

IYING, YEH

073

白帶魚

白帶魚包裹著一身銀脂，像是一把武士刀，光芒閃閃，不過眼前的這把刀已被截成片段，等待下鍋，關於刀的英姿，看來只能用想像的了。

IYINGYEH

074

台灣獼猴桃

非禮勿視，非禮勿聽，非禮勿言。

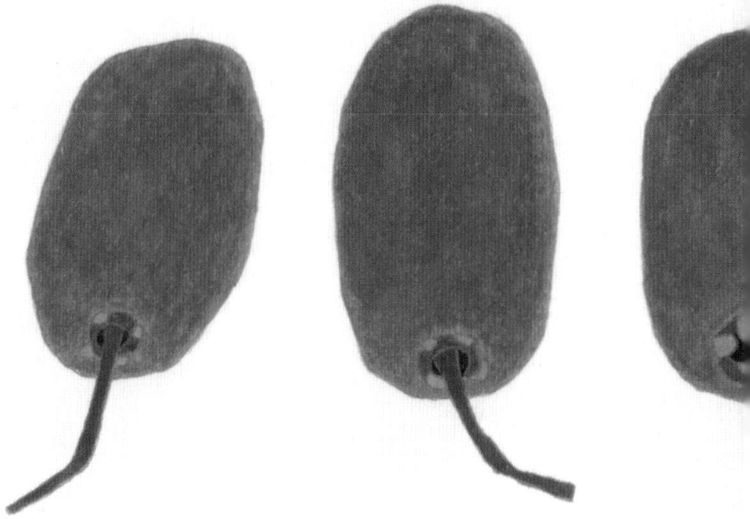

075

小里芋

在農夫市集看到少見的新鮮小里芋特別興奮，立刻買了幾顆回家。簡單將外皮的塵土鬚根洗乾淨，帶皮蒸熟，就是能徒手享用的小點心。有別於大塊芋頭的鬆軟，小里芋吃起來特別彈牙，十分美味！

冬日

076

大白菜的切口

現在正是大啖白菜的季節。在超市看到成堆剖半販售的山東大白菜好壯觀，走近一看立刻被切口的紋理所吸引，這個幾近矩形的蔬菜切口，裡頭層層佈滿通往核心的脈絡，像是一幅迷幻的抽象畫。我想，觀察包心菜類的切口逐漸變成我的嗜好了，那就像觀察樹幹年輪般有趣。

IYING, YEH

077

矽膠指套牙刷

小兒的下排門牙冒出來了，兩顆小小白白的方形，像是嘴裡含著兩顆珍珠糖捨不得吞下去。以往使用沾了白開水的紗布幫他清潔口腔，我們都得小心手指被攻擊，現在換上矽膠指套牙刷，不但清潔力更好，爸媽的手指頭也安全多了。

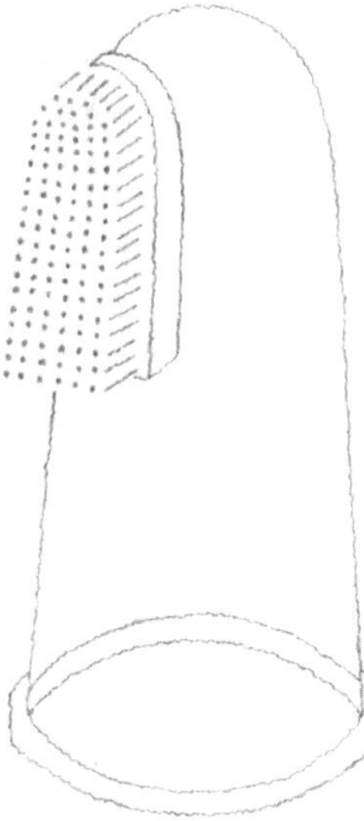

078

砧板上看月亮

切水煮蛋時，彷彿看到一排有些凌亂的月形變化。從上弦月到下弦月，滿月則需要再切一顆蛋才看的到。欣賞完後，忍不住捏起一片新月吞下肚。

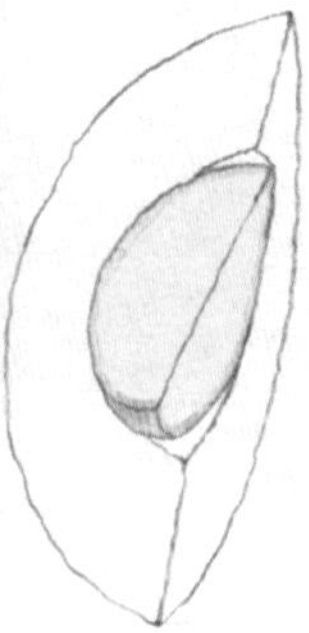

IYING YEH

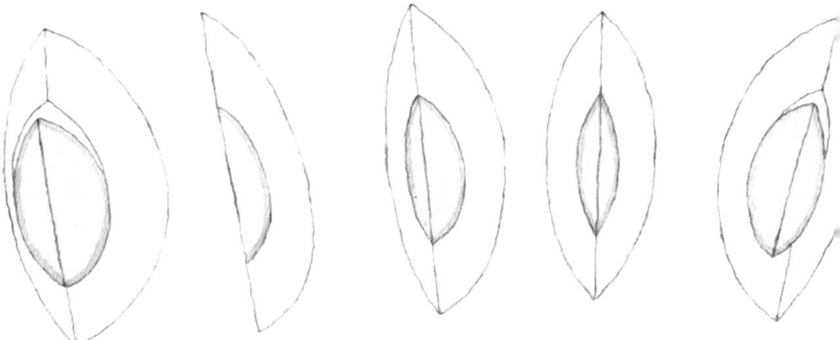

079

可頌與炒蛋

可頌與炒蛋，是我心目中的理想早餐之一，
當然還得配上一杯熱熱的黑咖啡，少少的就很滿足。

IYING, YEH

080

三層老鐵櫃

厚重的桌上型三層老鐵櫃，是從選物店挖來的寶。經過時間的洗禮，表面佈滿薄薄一層鏽蝕的痕跡，像是一輛退役許久的老客運巴士。我用老鐵櫃來放一些軟管裝的壓克力顏料，也收納一些畫筆文具，雖然抽屜實在有點難拉開，但我一點也不介意，只是有個美中不足的地方得常常讓我多費心思，就是要如何靠牆擺放，才不會露出老鐵櫃右側斗大的紅字，寫著祝某某廣告傳播事業有限公司開幕。

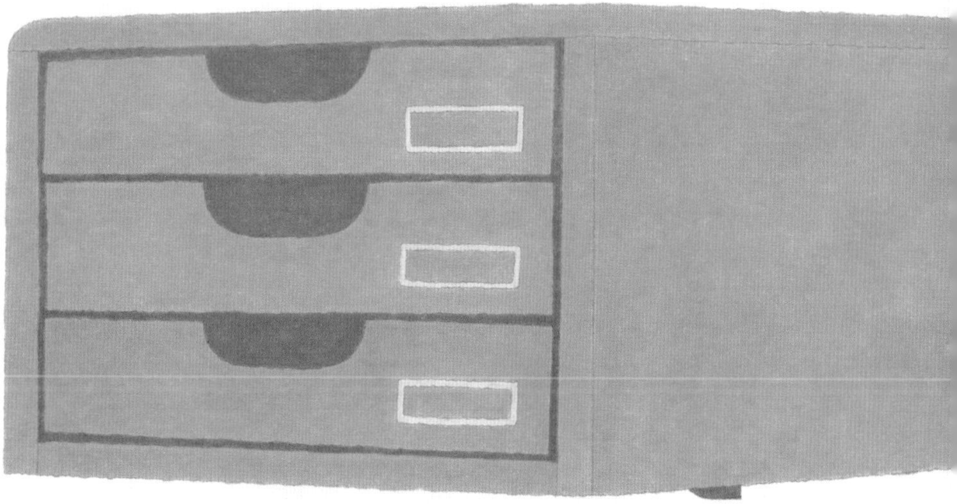

081

玉米濃湯

小兒喜歡吃玉米，他常稱呼玉米為「米米」。今天就為「米米迷」煮一鍋玉米濃湯。削下三、四根甜玉米粒，連同玉米梗、水一起放進湯鍋裡，小火燉煮二十分鐘，這樣便能把滿滿的玉米甜味煮進湯裡，也可以加一些炒洋蔥和馬鈴薯，增加風味也增加營養。熄火前放進一塊奶油、一點牛奶、一小撮鹽，就是最簡單自然的調味。取出玉米梗，湯料用調理機打碎，濾渣後就完成了。我會保留一些完整的玉米粒和少少的玉米渣在湯裡，喝起來比較有口感。

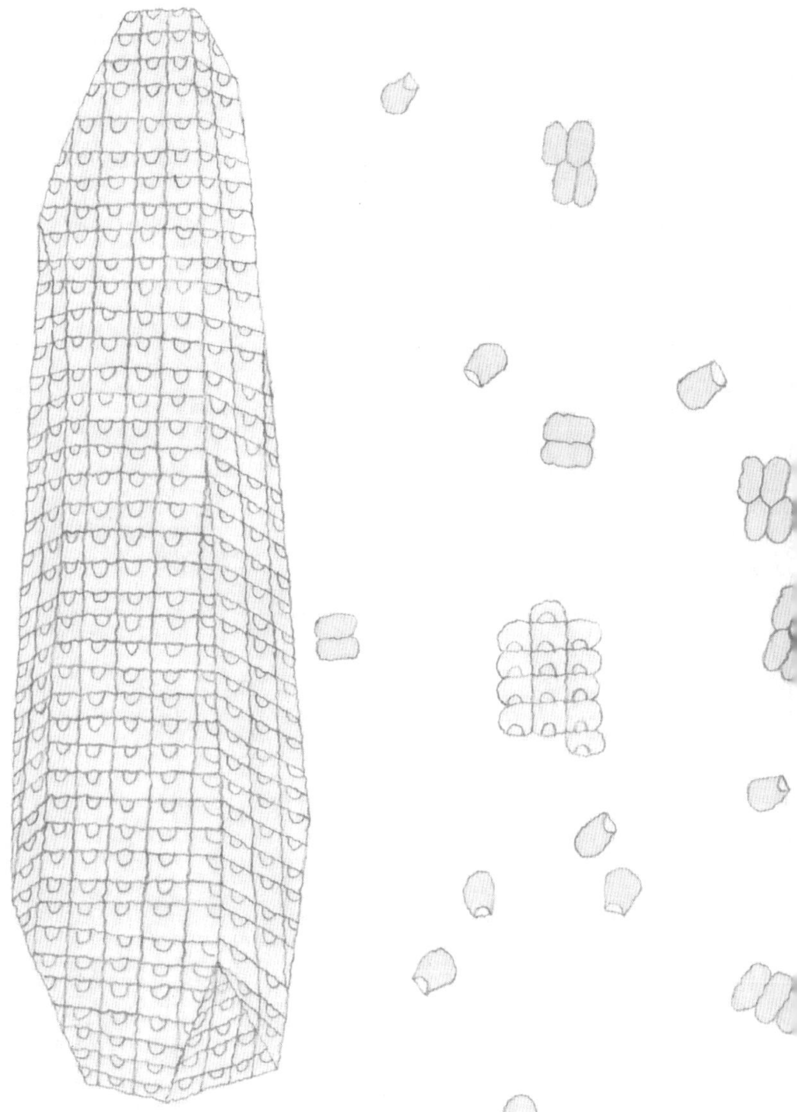

082

霧面的黑陶盤

用黑色的盤子盛裝食物，似乎能讓盤裡的食物發光，
像在夜空裡閃閃發亮的那種光。

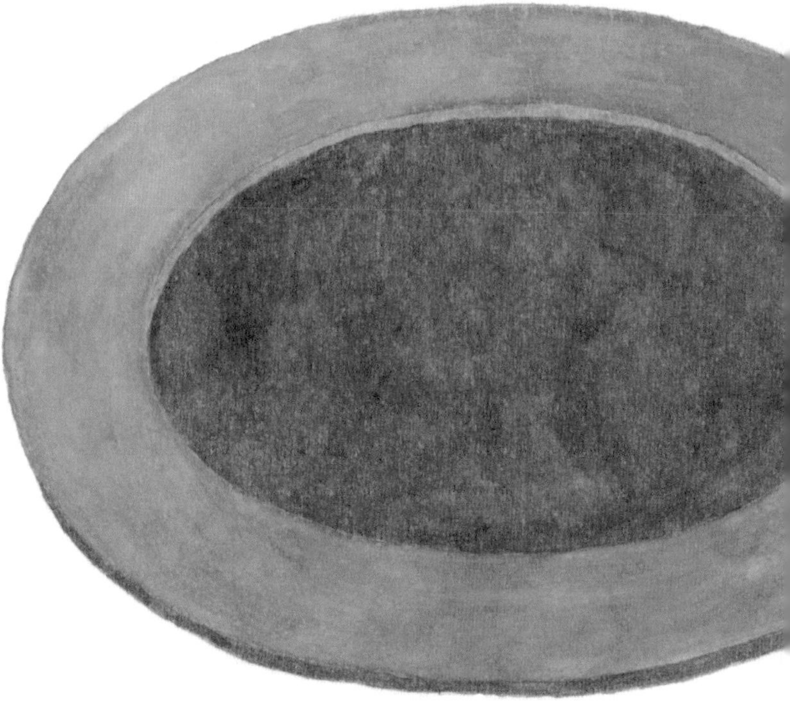

083

保存容器

一片一片，一層一層，將日曬關廟麵堆疊存放在美麗的玻璃點心罐裡，擺在日日經過的廚房吧檯上，方便隨時取用。是一種生活情調吧！

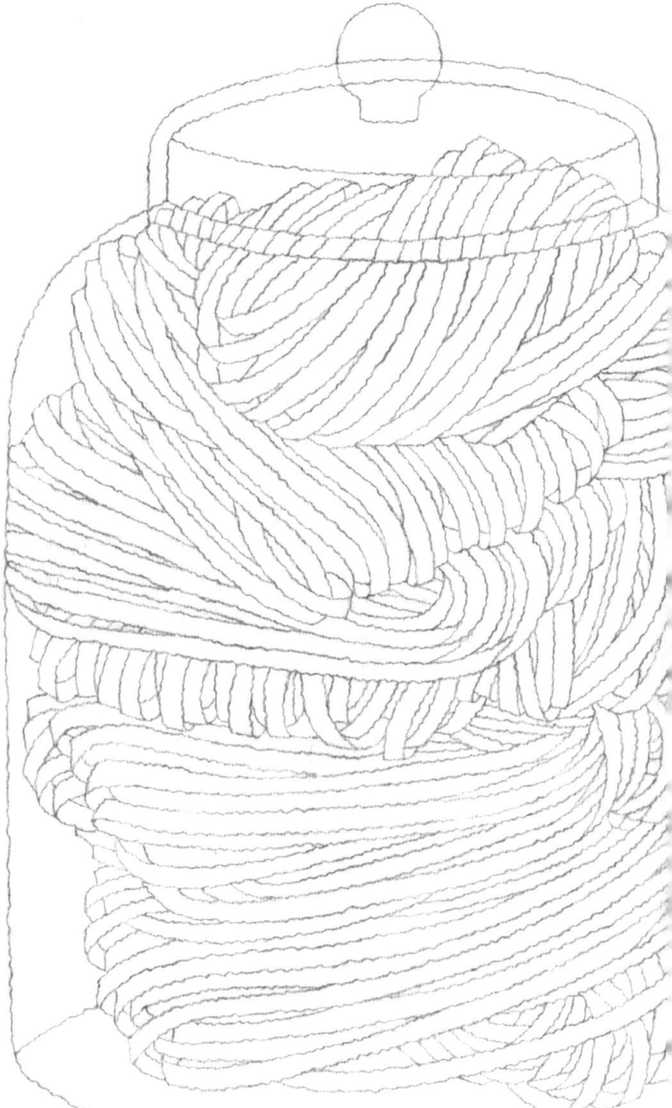

084

刺蔥

除了仙人掌、魚與海膽之外，還有什麼食材是滿佈細刺的？答案是「刺蔥」。葉背與莖部有著細小的尖刺，難怪又名鳥不踏。今天想做刺蔥雞湯，拿到的刺蔥已經讓商家剪去部分葉刺，不過還是得抱著戒慎恐懼的心去處理這樣食材，忽然覺得青蔥真是溫和友善多了，揉揉捏捏，只留下滿手蔥味，滑順無比呢！

IYING YEH

085

蓮藕切片

看著充滿孔洞的輪廓，想像它是馬車的輪子，
行駛起來可能會有些顛簸。

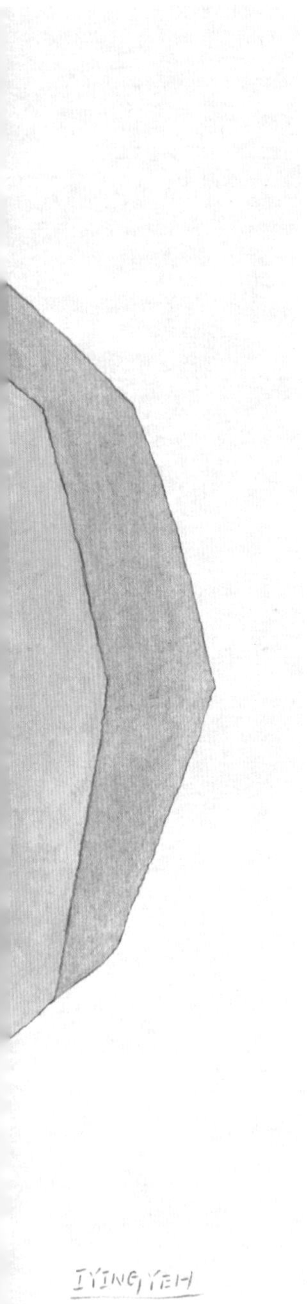

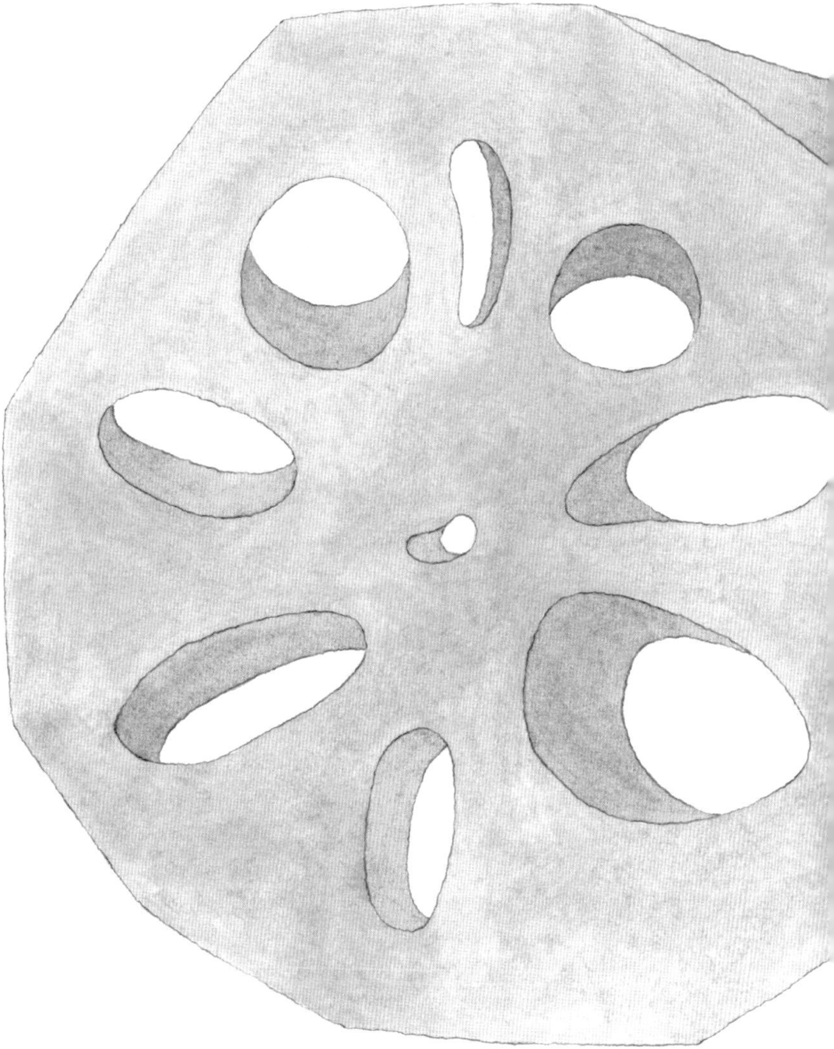

086

姊姊色

也許是看習慣年齡相仿的小表姐們，身上常出現粉紅色的裝扮與玩具，小兒總稱呼粉紅色為「姊姊色」。冬至來臨，今天在市場買了一包紅白小湯圓，打算煮一些搭著暖呼呼的甜薑湯吃，猜他到時一定會興奮得說：「要先吃姊姊色的！」

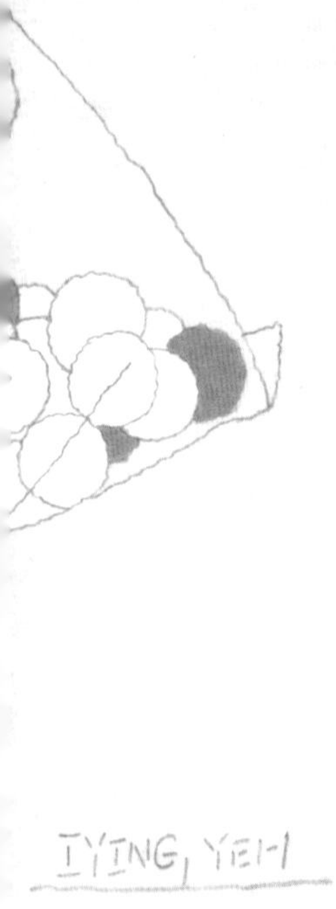

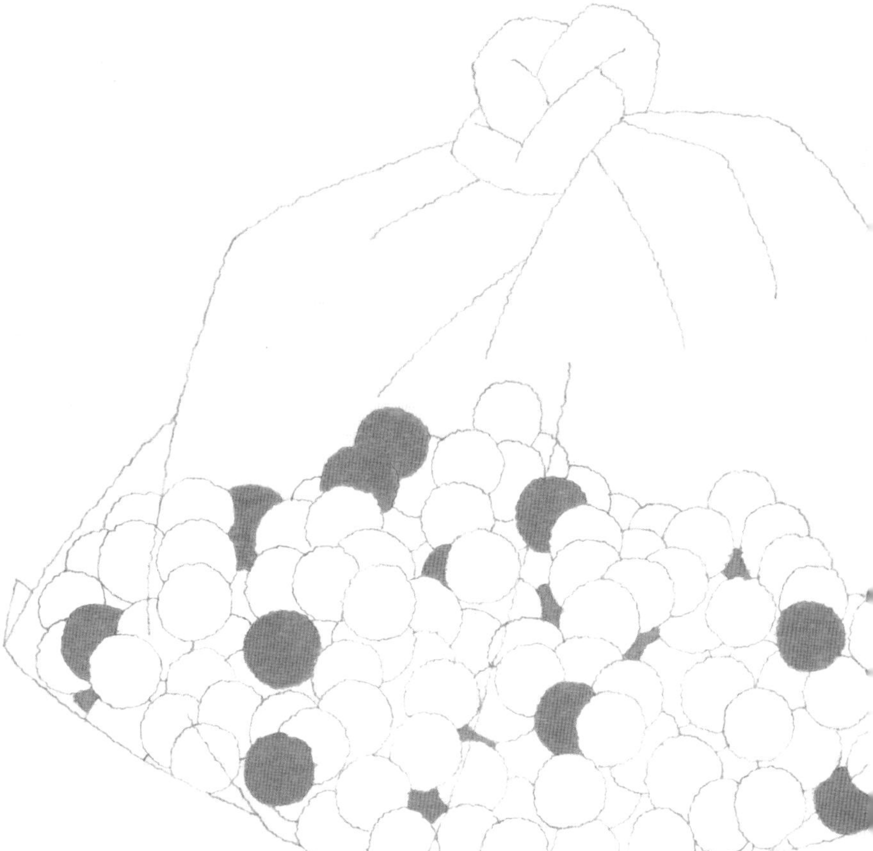

087

切麵刀

切麵刀，顧名思義是把用來切麵糰的刀，不過我更常用它來整理砧板上切好的食材，尤其是蔥花。唰唰！因為刀面夠大，刀鋒傾斜在砧板上來回劃兩下，便能俐落地將蔥花送進備料碗裡，乾乾淨淨，毫不拖泥帶水。

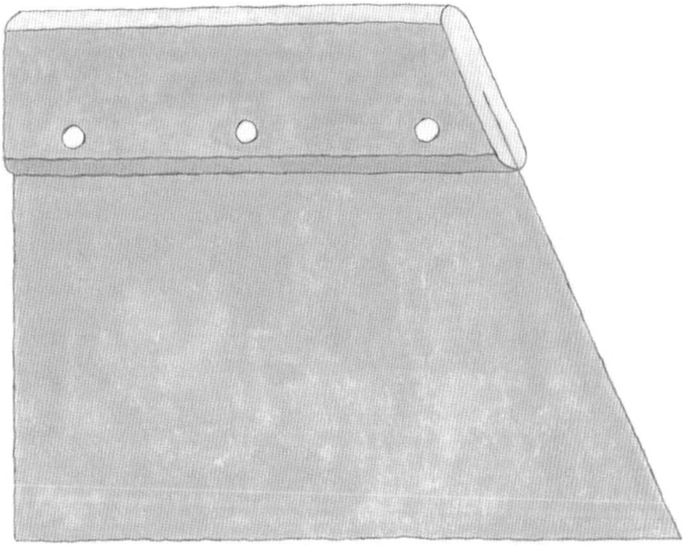

088

手織鍋墊

在冷冷的冬天，總喜歡這些、那些摸起來柔柔軟軟的織品，
美麗且洋溢著一股暖意。

089

老派奶油蛋糕

原味的磅蛋糕，襯著兩層薄薄的鮮奶油夾心，頂部鋪滿打碎的蛋糕細末，半顆鮮紅色的罐頭糖漬櫻桃是唯一的裝飾。我一定是被這濃濃的舊日情懷所迷惑，小時候對罐頭色素櫻桃的厭惡再也不重要，重要的是「小時候」，一種因為吃蛋糕而感到雀躍的赤子之心。當然，想吃甜食，什麼都是藉口。

I YING, YEH

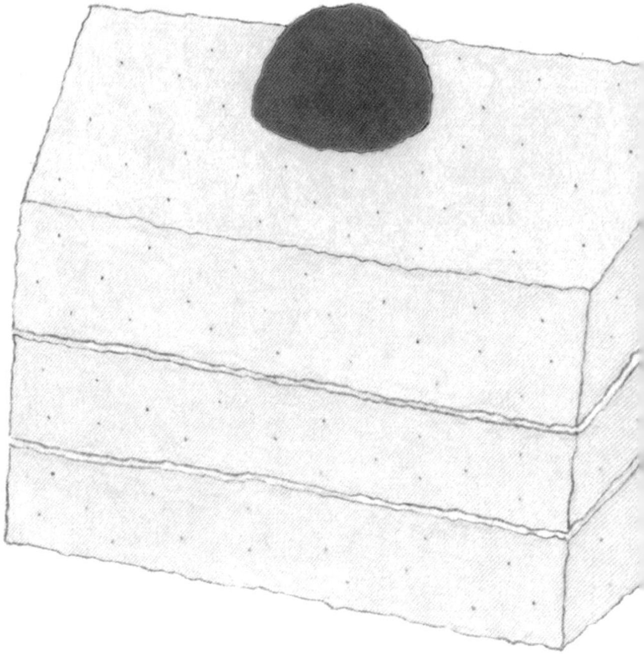

090

洗章魚

從新竹南寮漁港的觀光魚市帶回一袋生鮮小章魚。清洗時，流水落下，手指在小章魚滑溜半透又軟嫩的身軀來回輕搓，指尖時不時會被爪上的吸盤給吸住，此刻宛如經歷一場與怪奇生物的另類碰觸，讓人緊張又興奮。

IYING YEH

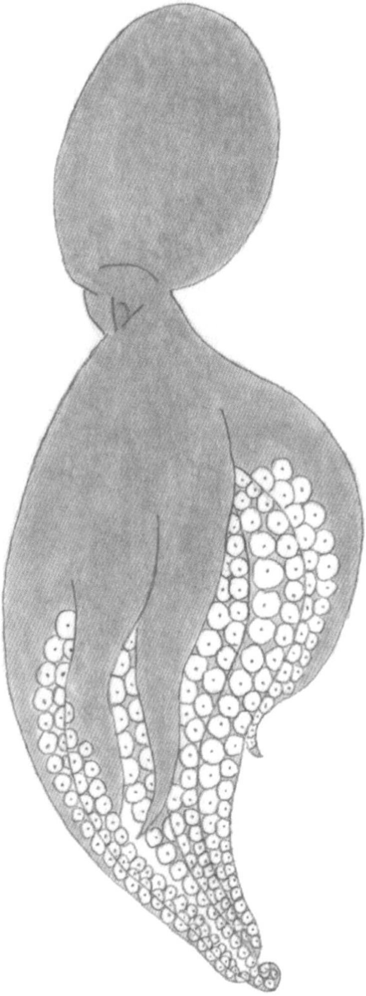

091

汆燙

待水沸騰，下鍋不到三分鐘時間，滑溜半透的怪奇生物，瞬間捲曲瑟縮成遊樂園裡的卡通章魚，我在廚房忍不住大聲嘲笑起小章魚的這副糗樣。抱歉了，小章魚！

IYING YEH

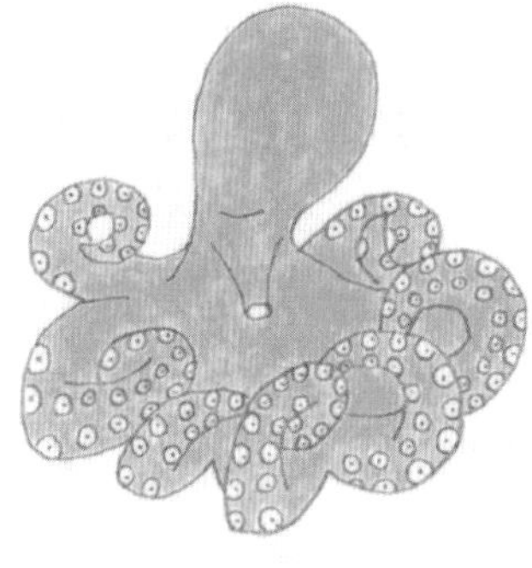

092

馬告

來自山林，烏溜溜的小珠子，散發著濃郁的檸檬香氣，
這並非前衛的分子料理，而是原始自然賦予的相同默契。

IYING, YEH

093

色紙

今天我們到大學校園裡逛農夫市集，也曬曬太陽散散步。小兒沿途鬧脾氣時，拿一片剛買來的川七菜給他把玩。看他一路緊抓不放，揮啊揮，像是得到新的玩具色紙一樣開心。

094

想像的兔

如果說我有一段奇幻故事，
故事裡的兔子受到詛咒，變成了石頭，
那大概會是這副模樣吧！

IYINGYEH

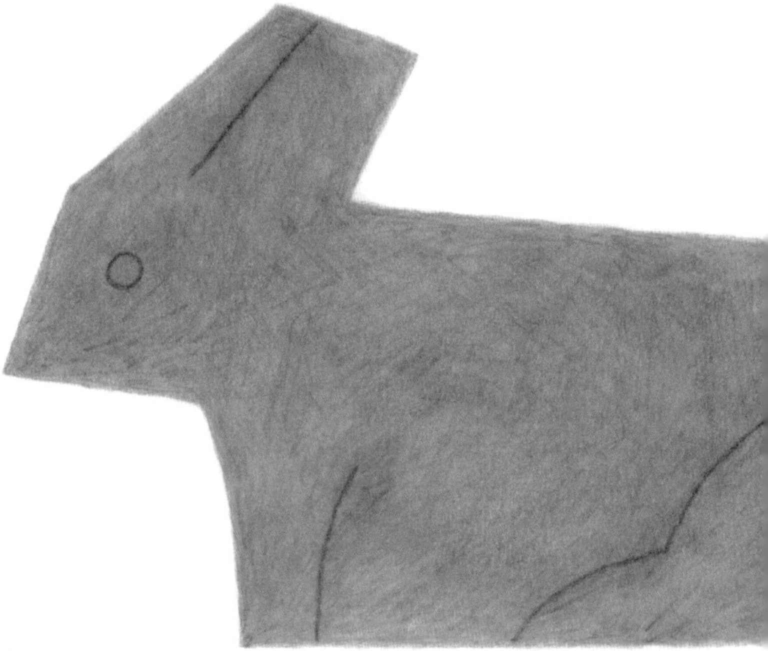

095

潘朵洛

耶誕節已經過了一兩週，潘妮托妮、咕咕霍夫、國王派、潘朵洛等耶誕麵包，仍少少在麵包店架上，似乎在等待著之前錯過的人們。

今天買了一顆大大的潘朵洛，特殊的多芒星造型，尤其可愛，吃起來像蛋糕又像麵包的潘朵洛，很適合留給週末做懶洋洋的早餐。

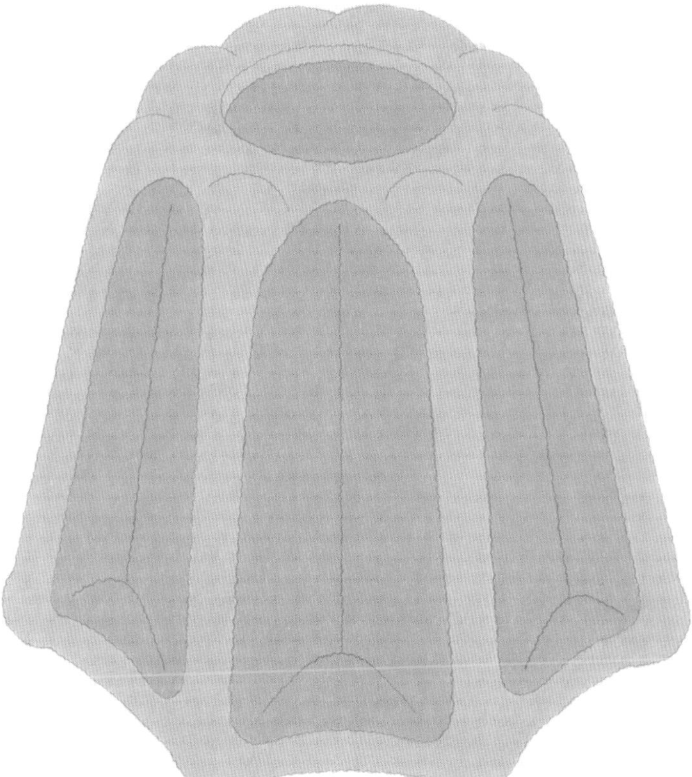

IYING, YEH

長實金柑酒

每年冬天都會固定做一些金柑保存食，今年也不例外，趁著產季接近尾聲前，在假日農夫市集買到幾斤有機長實金柑，太好了！可以做冰糖蜜金柑、海鹽漬金柑，還要留一些用來浸泡金柑酒。說到保存食的計畫，心裡總有幾分興奮。

用喜歡的霧峰香米燒酎作為浸漬金柑酒的基底，隨性的加入適量的金柑果實與無色冰糖、封蓋貼上標籤，然後期待接下來每天的變化。剛開始的幾週，圓圓長長的金柑，橫躺漂浮在酒面上層，原本透明無色的燒酎，像是滴入一滴黃色墨水，染上薄薄透亮的色澤。果實、燒酎兩相一襯，這畫面忽然覺得有點熟悉。那不正是烘焙點心蛋糕時，一口氣打了好幾顆全蛋在透明大碗裡的模樣嗎？金柑像是蛋黃，燒酎則是蛋白。

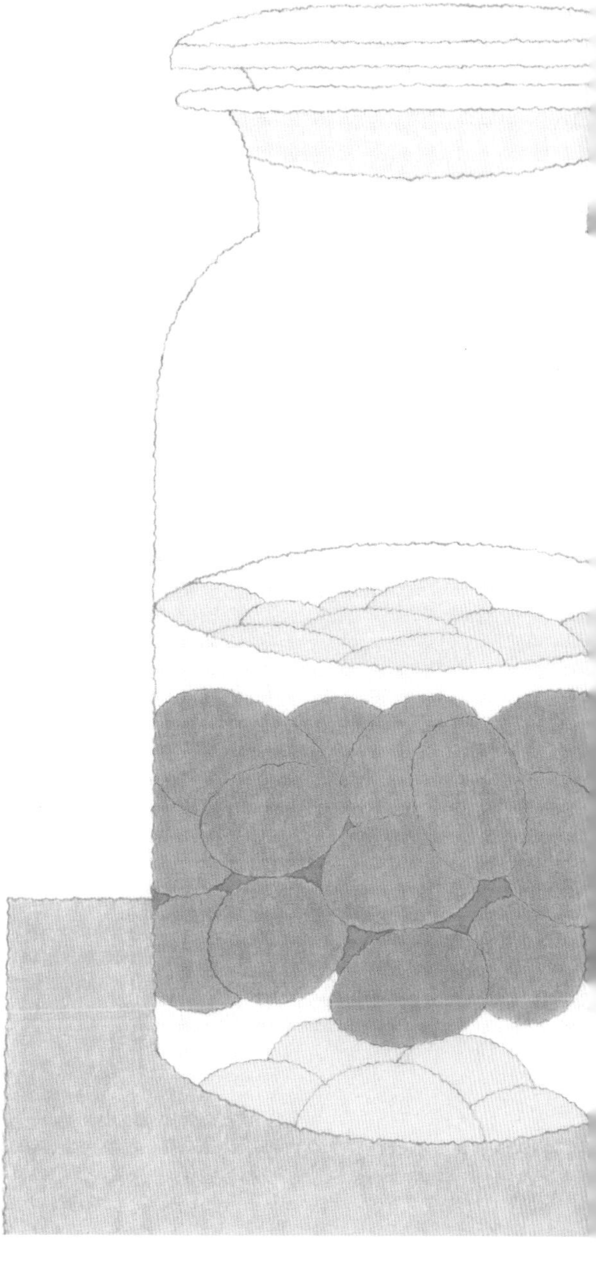

IYING YEH

柴把湯

小時候常喝阿嬤煮的一道湯，當時的我不知道湯的名字，只記得她在備料時，好像在做勞作哦！印象中，是用曬乾的瓠瓜絲，將香菇、紅蘿蔔、酸菜、豬肚，捆綁在一起打個結，一束一束的放進水裡煮成湯。

長大之後，阿嬤不在了，這個湯也逐漸消失在我的日常生活中，早已淡忘。直到幾年前，在一間台北老字號石頭火鍋店裡，於自助冰櫃前取用火鍋料時，眼睛瞥過它的身影，那時，回憶好像砰！的一聲，打到心坎裡。

後來，我用僅有的關鍵字，在網路上搜尋來回拼湊才找到，原來這道湯，叫柴把湯，是取其貌似捆綁著的柴把而命名，也有人愛叫他結仔湯、豬肉酸菜結湯，而細綁用的曬乾瓠瓜絲，還有個優雅的名字叫干瓢，干瓢正是日式關東煮裡福袋上的那條繫繩，海苔壽司裡也常出現它的身影。

今天，我又想起這道柴把湯，甚至想親手做做看！除了改以脆口有彈性的豬肉塊，替代阿嬤版本的豬肚，其他材料維持不變，按照步驟將食材一一切成柴把狀備妥，干瓢洗淨泡軟。開始來做勞作吧！

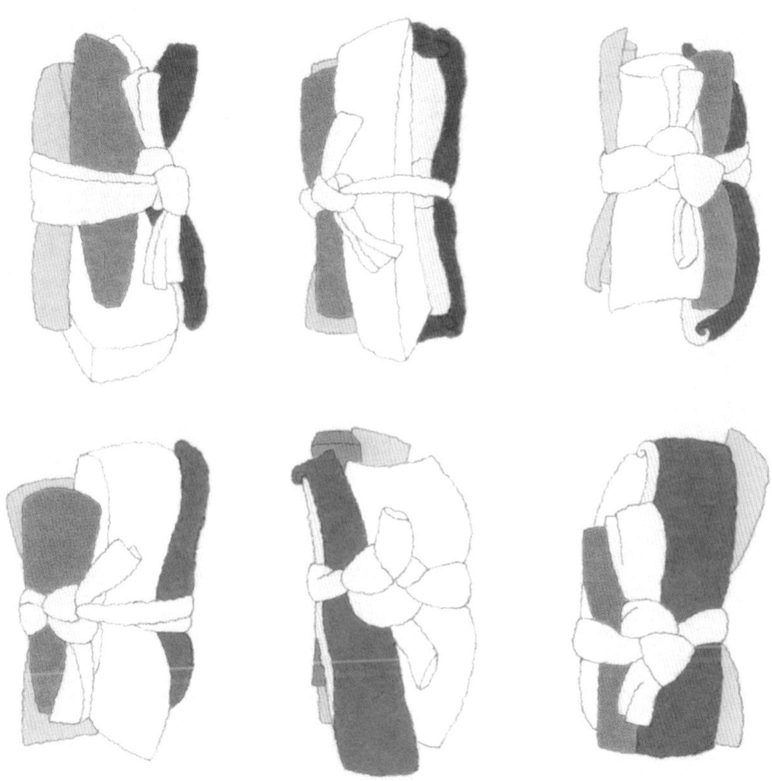

IYING, YEH

098

五重皿

由五個淺碟及一個上蓋堆疊組成的瓷製器皿，是在美術社找到的書畫用具，平常畫圖時用來盛裝調配好的顏料，不畫圖時，它便成為我桌前最賞心悅目的器物。

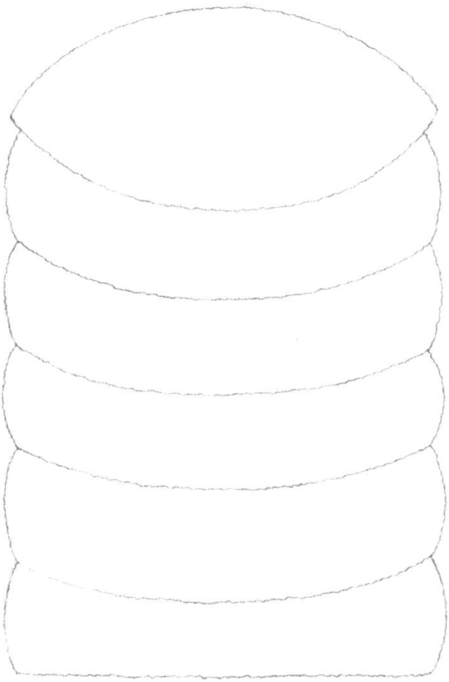

IYING, YEH

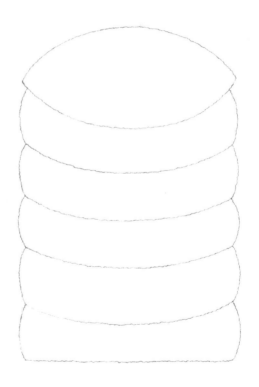

099

木供盤

從選物店收藏了一只台灣早期的木供盤，盤子的線條簡約優雅，色澤溫潤。盤底隱約寫著「榮昌」二字，遙想它曾乘載了許多人的祈願與敬意。雖然邊緣有個破損的小缺口，但也更顯獨特。抹去灰塵，用較細的砂紙將上頭的污漬顆粒去除，清洗晾乾後，用紗布沾上少許食用油，薄薄一層均勻塗抹在盤的表面。當木頭吸附油脂後，色澤更顯光亮而沈穩。

接著就是每日的使用了，放上當季水果，在廚房一角或是餐桌上，都是美麗的風景。學習恭敬珍惜的對待經過時間洗禮的老物件，使用起來心情也會更加寧靜。

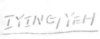

100

小兔包

把心整理好就出發吧，小兔包會為你帶來好運的！

IYING, YEH

後記

關於飲食題材

飲食在生活中扮演著不可或缺的角色。我們的身體由攝取的食物經過消化吸收，化為血肉所組成。對我來說，飲食生活這個題材再理所當然不過了。當我們關注身邊的飲食日常時，就如同在關注自己的身與心，我大概是抱持著這樣的心去面對身邊的鍋碗瓢盆、蔬菜瓜果，甚至是奶蛋豆魚肉類。

關於靜物

從建立屬於自己的家庭，到成為一名母親，這些年，在我生命中歷經各種身分與環境的轉變、面臨工作上的起伏與瓶頸時，是創作讓我感到安穩與踏實，彷彿找到一種歸屬感。畫靜物讓我感到平靜，寫靜物讓我感到專注。這個創作計畫陪伴著我超過五年的時間，像是一股無形而強大的力量，驅使我用心過日子，找到心中最純粹的自己。我嘗試從不同的角度，重新看待身邊的事物，透過描繪靜物來記錄生活中美好的片刻與回憶，喚醒平凡中所蘊藏的溫暖、驚喜與詩意。

致謝

謝謝鯨嶼文化的社長暨總編輯湯給我寶貴的機會，多年來的耐心與信任，讓我這個有點任性的作者花了五年多的時間才將書完成。謝謝平面設計師暨插畫家鄧彧的大力協助，讓這本書能幸運有著純粹洗鍊的質感樣貌呈現給讀者。

謝謝我的先生，作為我創作路上最強大的後盾與軍師，一直以來的支持，才讓我有勇氣與毅力完成這一百篇圖文。謝謝我的小孩，讓生活變得很不一樣，我才能有著前所未有的感受與想法，投注在作品裡。忙碌的育兒生活，反而讓我更有意識的想去實現自我，說起來有一點不可思議。

最後，要謝謝自己，完成了這一本書。

——葉　懿瑩

國家圖書館出版品預行編目（CIP）資料

食常物語／葉懿瑩作——初版——新北市：鯨嶼文化有限公司：
遠足文化事業股份有限公司發行，2023.06
216 面；14.8X21 公分——（wander；8）
ISBN——978-626-7243-20-6（平裝）
1.CST：飲食　2.CST：食物　3.CST：飲食風俗　4.CST：繪本
427　112006750

食常物語

Wander 008

作者 —— 葉懿瑩 I-Ying Yeh　設計 —— Teng Yu　校對 —— 魏秋綢　社長暨總編輯 —— 湯皓全
出版 —— 鯨嶼文化有限公司　地址 —— 231 新北市新店區民權路 108-3 號 6 樓
電話 —— (02) 22181417　傳真 —— (02) 86672166　電子信箱 —— balaena.islet@bookrep.com.tw

讀書共和國集團社長 —— 郭重興　發行人 —— 曾大福
發行 —— 遠足文化事業股份有限公司　地址 —— 231 新北市新店區民權路 108-3 號 8 樓
電話 —— (02) 22181417　傳真 —— (02) 86671065　電子信箱 —— service@bookrep.com.tw
客服專線 —— 0800-221-029　法律顧問 —— 華洋國際專利事務所 蘇文生律師
印刷 —— 和楹印刷有限公司　初版 —— 2023 年 6 月　定價 —— 600 元

ISBN 978-626-7243-20-6　EISBN 978-626-7243-25-1 (PDF)　EISBN 978-626-7243-24-4 (EPUB)